# 51 系列单片机原理及设计实例

楼然苗　胡佳文　李光飞
李良儿　刘玉良　俞红杰　编著

北京航空航天大学出版社

# 内 容 简 介

本书包含 3 部分内容:第 1 部分介绍 51 系列单片机的硬件资源、汇编指令与 C 语言编程基础;第 2 部分介绍 5 个单片机汇编与 C 程序设计应用实例,给出了完整的汇编与 C 语言源程序及注释;第 3 部分介绍单片机课程实验、课程设计与实验电路板。

本书针对新时期教学特点,强调实践与创新,书中实例均给出了汇编和 C 语言两种程序,为教师教学和学生自学提供了方便,第 3 部分的实验及课程设计内容,使得课堂教材、实验指导书、课程设计指导书三合为一。

本书含有光盘 1 张,包含书中所有应用实例源程序及实验电路板、课程设计电路板资料。

本书适合做高等院校单片机原理及应用类课程教材,也可作为电子技术人员设计参考用书。

## 图书在版编目(CIP)数据

51 系列单片机原理及设计实例/楼然苗等编著. --
北京:北京航空航天大学出版社,2010.5
ISBN 978 - 7 - 5124 - 0079 - 5

Ⅰ. ①5… Ⅱ. ①楼… Ⅲ. ①单片微型计算机—程序
设计 Ⅳ. ①TP368.1

中国版本图书馆 CIP 数据核字(2010)第 075909 号

**51 系列单片机原理及设计实例**

楼然苗　胡佳文　李光飞
李良儿　刘玉良　俞红杰　编著
责任编辑　孔祥燮　范仲祥

\*

北京航空航天大学出版社出版发行

北京市海淀区学院路 37 号(邮编 100191)　http://www.buaapress.com.cn
发行部电话:(010)82317024　传真:(010)82328026
读者信箱:bhpress@263.net　邮购电话:(010)82316936
北京市松源印刷有限公司印装　各地书店经销

\*

开本:787×1 092　1/16　印张:13.5　字数:346 千字
2010 年 5 月第 1 版　2010 年 5 月第 1 次印刷　印数:4 000 册
ISBN 978 - 7 - 5124 - 0079 - 5　定价:26.00 元(含光盘 1 张)

# 前　言

　　单片机 C 编译器的成熟，为电类大学生学习单片机的 C 程序编写创造了条件。采用 C 程序开发单片机可降低学生的单片机设计学习难度。本教材可选择汇编或 C 程序单片机编程教学，内容强调学生实际程序开发能力的培养，提供完整的汇编及 C 源程序文档、实验电路图、电路板 PCB 制作图（光盘中），集课堂教材与实验指导书、课程设计指导书于一体，方便学校教师、学生选用。

　　全书内容分为 3 部分：第 1 部分介绍 51 系列单片机的硬件资源、汇编与 C 语言编程基础；第 2 部分介绍 5 个单片机汇编与 C 程序设计应用实例，给出了完整的汇编与 C 源程序及注释；第 3 部分介绍单片机课程实验、课程设计与实验电路板。

　　各部分安排如下。

　　第 1 部分：51 系列单片机原理。

　　第 1 章：绪论。了解单片机的发展史；理解单片机的应用模式；熟悉单片机的应用开发过程。

　　第 2 章：单片机基本结构与工作原理。理解单片机内部结构及引脚功能；掌握 RAM 中 SFR 和数据区地址划分；掌握 ROM 中程序复位及中断入口地址；掌握 4 个输入/输出口的特点；掌握所有 SFR 的意义及特点。

　　第 3 章：单片机的汇编指令系统。了解什么是寻址方式和指令系统，掌握 51 系列的寻址方式和指令格式；掌握 111 条指令的使用方法。

　　第 4 章：单片机汇编语言程序设计基础。了解程序设计的一般规律；掌握不同程序结构的单片机汇编程序设计的基本方法；程序举例。

　　第 5 章：单片机 C 语言程序设计。掌握单片机 C 程序设计的一般格式、C 程序的数据类型、C 程序的运算符和表达式、C 程序的一般语法结构。

　　第 6 章：单片机基本单元结构与操作原理。掌握定时器和中断的基本结构及汇编与 C 语言编程方法；理解串行口的基本结构及汇编与 C 语言编程方法。

　　第 2 部分：51 系列单片机设计应用实例。

　　第 7 章：实例 1　8×8 点阵 LED 字符显示器的设计。

　　第 8 章：实例 2　8 路输入模拟信号数值显示器的设计。

　　第 9 章：实例 3　单键学习型遥控器的设计。

　　第 10 章：实例 4　15 路电器遥控器的设计。

第 11 章：实例 5　数控调频发射台的设计。

第 3 部分：实验与课程设计。

第 12 章：单片机课程实验。

第 13 章：单片机课程设计。

第 14 章：单片机课程设计实验电路板介绍。

本书在出版、编辑中得到了北京航空航天大学出版社的大力支持,在此表示衷心的感谢。同时对编写中参考的多部著作的作者表示深深的谢意。

更多教学资源请访问浙江海洋学院精品课程网站：http://61.153.216.116/jpkc/jpkc/dpj/。

作　者

2010 年 1 月

于浙江海洋学院

# 目　　录

# 第 1 部分

# 51 系列单片机原理

# 第1章 绪 论

## 1.1 嵌入式系统

### 1.1.1 现代计算机的技术发展史

#### 1. 始于微型机的嵌入式应用时代

电子数字计算机诞生于 1946 年 2 月 15 日,在其后漫长的历史进程中,计算机始终是在特殊的机房中运行,通常用来实现数值计算,直到 20 世纪 70 年代微处理器的出现,计算机才出现了历史性的变化。以微处理器为核心的微型计算机以其小型、低价、高可靠性等特点,迅速走出机房。基于高速数值解算能力的微型机表现出的智能化水平,引起了控制专业设计应用人员的兴趣,他们考虑将微型机嵌入到一个对象体系中,实现对象体系的智能化控制。早先,设计人员将微型计算机经电气加固、机械加固,并配置各种外围接口电路,安装到大型机械加工系统中。这样一来,计算机便失去了原来的形态与通用的计算机功能。为了区别于原有的通用计算机系统,人们把面向工控领域对象,嵌入到工控应用系统中,实现嵌入式应用的计算机称之为嵌入式计算机系统,简称嵌入式系统。因此,嵌入式系统诞生于微型机时代,其嵌入性本质是将一个计算机嵌入到一个对象体系中去。

#### 2. 现代计算机技术发展的两大分支

由于嵌入式计算机系统要嵌入到对象体系中,实现的是对象的智能化控制,因此,它有着与通用计算机系统完全不同的技术要求与技术发展方向。通用计算机系统的技术要求是高速、海量的数值计算,技术发展方向是总线速度的无限提升,存储容量的无限扩大。而嵌入式计算机系统的技术要求则是对象的智能化控制能力,技术发展方向是与对象系统密切相关的嵌入性能、控制能力及控制的可靠性。

早期,人们勉为其难地将通用计算机系统进行改装,在大型设备中实现嵌入式应用。然而,对于众多的对象系统(如家用电器、仪器仪表和工控单元等),无法嵌入通用计算机系统,况且嵌入式系统与通用计算机系统的技术发展方向完全不同,因此,必须独立地发展通用计算机系统与嵌入式计算机系统,这就形成了现代计算机技术发展的两大分支。如果说微型机的出现使计算机进入到现代计算机发展阶段,那么嵌入式计算机系统的诞生则标志着计算机进入了通用计算机系统与嵌入式计算机系统两大分支平行发展的时代,从而使计算机技术在 20 世纪末进入高速发展时期。

#### 3. 计算机技术两大分支发展的意义

通用计算机系统与嵌入式计算机系统的专业化分工发展,导致 20 世纪末、21 世纪初,计算机技术的飞速发展。计算机专业领域集中精力发展通用计算机系统的软、硬件技术,不必兼顾嵌入式应用要求,通用微处理器迅速从 286、386、486 到奔腾系列;操作系统则迅速扩张计算机基于高速海量的数据文件处理能力,使通用计算机系统进入到尽善尽美阶段。

　　嵌入式计算机系统则走上了一条完全不同的道路,这条独立发展的道路就是单芯片化道路。它动员了原有的传统电子系统领域的厂家与专业人士,接过起源于计算机领域的嵌入式系统,承担起发展与普及嵌入式系统的历史任务,迅速地将传统的电子系统发展到智能化的现代电子系统时代。

　　现代计算机技术发展的两大分支,不仅形成了计算机发展的专业化分工,而且将发展计算机技术的任务扩展到传统的电子系统领域,使计算机成为进入人类社会全面智能化时代的有力工具。

## 1.1.2　嵌入式系统的定义与特点

　　如果了解了嵌入式(计算机)系统的由来与发展,那么对嵌入式系统就不会产生过多的误解,而能历史地、本质地、普遍适用地定义嵌入式系统。

　　**1. 嵌入式系统的定义**

　　按照历史性、本质性、普遍性要求,嵌入式系统可定义为"嵌入到对象体系中的专用计算机系统"。"嵌入性"、"专用性"和"计算机系统"是嵌入式系统的 3 个基本要素,"对象体系"则是指嵌入式系统所嵌入的主体系统。

　　**2. 嵌入式系统的特点**

　　嵌入式系统的特点与定义不同,它是由定义中的 3 个基本要素衍生出来的。不同的嵌入式系统其特点会有所差异。与"嵌入性"的相关特点:由于是嵌入到对象系统中,必须满足对象系统的环境要求,如物理环境(小型)、电气环境(可靠)、成本(价廉)等要求。与"专用性"的相关特点:软、硬件的裁剪性;满足对象要求的最小软、硬件配置等。与"计算机系统"的相关特点:嵌入式系统必须是能满足对象系统控制要求的计算机系统。与"嵌入性"和"专用性"这两个特点相呼应,所采用的计算机必须配置有与对象系统相适应的接口电路。具体来说可总结为以下 4 点:

　　(1) 面对控制对象,例如传感信号输入、人机交互操作和伺服驱动等。

　　(2) 嵌入到工控应用系统中的结构形态。

　　(3) 能在工业现场环境中可靠运行的可靠品质。

　　(4) 突出控制功能,例如对外部信息的捕捉,对控制对象实时控制,有突出控制功能的指令系统(I/O 控制、位操作、转移指令等)。

　　另外,在理解嵌入式系统定义时,不要与嵌入式设备相混淆。嵌入式设备是指内部有嵌入式系统的产品、设备,例如内含单片机的家用电器、仪器仪表、工控单元、机器人、手机和 PDA 等。

　　**3. 嵌入式系统的种类**

　　按照上述嵌入式系统的定义,只要满足定义中 3 个基本要素的计算机系统,都可称为嵌入式系统。嵌入式系统按形态可分为设备级(工控机)、板级(单板、模块)和芯片级(MPU、MCU、SoC)。

　　(1) 工控机

　　工控机是将通用计算机进行机械加固、电气加固改造后构成的,其特点是软件丰富,体积大。

　　(2) 通用 CPU(Central Processing Unit,中央处理器)模块

　　通用 CPU 模块是由通用 CPU 构成的各种形式的主机板系统,一般用在大量数据处理的

场合,体积较小。

（3）嵌入式微处理器

嵌入式微处理器是在通用微处理器（Micro Processor Unit,简称 MPU）的基核上,增添一些外围单元和接口构成单芯片形态的计算机系统,如 80386EX,它将定时器/计数器、DMA、中断系统、串行口、并行口和看门狗（WDT）等集成在一个芯片上。

（4）单片机

单片机也称微控制器（Micro Controller Unit,简称 MCU）。它有唯一的专门为嵌入式应用系统设计的体系结构与指令系统,最能满足嵌入式应用要求。单片机是完全按嵌入式系统要求设计的单芯片形态应用系统,最能满足面对控制对象、应用系统的嵌入,现场的可靠运行及非凡的控制品质等要求,是发展最快、品种最多、数量最大的嵌入式系统。

有些人把嵌入式处理器当作嵌入式系统,但由于嵌入式系统是一个嵌入式计算机系统,因此,只有将嵌入式处理器构成一个计算机系统,并作为嵌入式应用时,这样的计算机系统才可称作嵌入式系统。

**4. 嵌入式系统的发展**

嵌入式系统与对象系统密切相关,其主要技术发展方向是满足嵌入式应用要求,不断扩展对象系统要求的外围电路,如 ADC（Analog-to-Digital Converter,模/数转换）、DAC（Digital-to-Analog Converter,数/模转换）、PWM（Pulse Width Modulation,脉宽调制）、日历时钟、电源监测和程序运行监测电路等,形成满足对象系统要求的应用系统。嵌入式系统作为一个专用计算机系统,要不断向计算机应用系统发展。因此,可以把定义中的专用计算机系统引伸成满足对象系统要求的计算机应用系统。

# 1.2 单片机的技术发展历史

嵌入式系统虽然起源于微型计算机时代,然而,微型计算机的体积、价位、可靠性都无法满足广大对象系统的嵌入式应用要求,因此,嵌入式系统必须走独立发展道路。这条道路就是芯片化道路。将计算机做在一个芯片上,从而开创了嵌入式系统独立发展的单片机时代。

在探索单片机的发展道路时,有过两种模式:一种是将通用计算机直接芯片化的模式,它将通用计算机系统中的基本单元进行裁剪后,集成在一个芯片上,构成单片微型计算机;另一种是完全按嵌入式应用要求设计的,满足嵌入式应用要求的体系结构、微处理器、指令系统、总线方式、管理模式等。Intel 公司的 MCS-48、MCS-51 就是按照第 2 种模式发展起来的单片形态的嵌入式系统（单片微型计算机）。MCS-51 是在 MCS-48 探索基础上,进行全面、完善发展的嵌入式系统。MCS-51 的体系结构已成为单片嵌入式系统的典型结构体系。

## 1.2.1 单片机发展的三大阶段

单片机诞生后,经历了 SCM、MCU、SoC 三大阶段。

（1）SCM 即单片微型计算机（Single Chip Microcomputer）阶段,主要是寻求最佳的单片形态嵌入式系统的最佳体系结构。其代表芯片有通用 CPU 68XX 系列和专用 CPU MCS-48 系列。在开创嵌入式系统独立发展道路上,Intel 公司功不可没。

（2）MCU 即微控制器（Micro Controller Unit）阶段,主要的技术发展方向是:不断扩展满足嵌入式应用时对象系统要求的各种外围电路与接口电路,突显其对象的智能化控制能力。其代表产品以 8051 系列为代表,如 8031、8032、8751、89C51、89C52 等。它所涉及的领域都与对象系统相关,因此,发展 MCU 的重任不可避免地落在电气、电子技术厂家。从这一角度来看,Intel 逐渐淡出 MCU 的发展也有其客观因素。在发展 MCU 方面,最著名的厂家当数 Philips 公司。Philips 公司以其在嵌入式应用方面的巨大优势,将 MCS - 51 从单片微型计算机迅速发展到微控制器。

(3) 单片机是嵌入式系统的独立发展之路。向 MCU 阶段发展的重要因素,就是寻求应用系统在芯片上的最大化解决。因此,专用单片机的发展自然形成了 SoC(System on Chip,片上系统)化趋势。随着微电子技术、IC(Integrated Circuit,集成电路)设计、EDA(Electronic Design Automation,电子设计自动化)工具的发展,基于 SoC 的单片机应用系统设计将会有较大的发展。因此,对单片机的理解可以从单片微型计算机、单片微控制器延伸到单片应用系统。

## 1.2.2　单片机的发展方向

未来单片机技术的发展趋势可归结为以下 10 个方面:

(1) 主流型机发展趋势。8 位单片机为主流,再加上少量 32 位机,而 16 位机可能被淘汰。

(2) 全盘 CMOS 化趋势。指在 HCMOS 基础上的 CMOS 化,CMOS 速度慢、功耗低,而 HCMOS 具有本质低功耗及低功耗管理技术等特点。

(3) RISC 体系结构的发展。早期 CISC 指令较复杂,指令代码周期数不统一,难以实现流水线(单周期指令仅为 1 MIPS)。采用 RISC 体系结构可以精简指令系统,使其绝大部分为单周期指令,很容易实现流水线作业(单周期指令速度可达 12 MIPS)。

(4) 大力发展专用单片机。

(5) OTPROM、Flash ROM 成为主流供应状态。

(6) ISP 及基于 ISP 的开发环境。Flash ROM 的应用推动了 ISP(系统可编程技术)的发展,这样就可实现目标程序的串行下载,PC 机可通过串行电缆对远程目标高度仿真及更新软件等。

(7) 单片机的软件嵌入。目前的单片机只提供程序空间,没有驻机软件。ROM 空间足够大后,可装入如平台软件、虚拟外设软件和用于系统诊断管理的软件等,以提高开发效率。

(8) 实现全面功耗管理,例如采用 ID 模式、PD 模式、双时钟模式、高速时钟/低速时钟模式和低电压节能技术。

(9) 推行串行扩展总线,例如 I²C 总线等。

(10) ASMIC 技术的发展,例如以 MCU 为核心的专用集成电路(ASIC)。

## 1.2.3　常用单片机

### 1. 8051 单片机

8051 单片机最早由 Intel 公司推出,其后,多家公司购买了 8051 的内核,使得以 8051 为内核的 MCU 系列单片机在世界上产量最大,应用也最广泛,有人推测 8051 可能最终形成事实上的标准 MCU 芯片。

**2. ATMEL 公司的单片机**

ATMEL 公司的单片机(AVR 单片机)是内载 Flash 存储器的单片机,芯片上的 Flash 存储器附在用户的产品中,可随时编程,再编程,使用户的产品设计容易,更新换代方便。AVR 单片机采用增强的 RISC 结构,使其具有高速处理能力,在一个时钟周期内可执行复杂的指令,每兆赫可实现 1 MIPS 的处理能力。单片机工作电压为 2.7~6.0 V,可实现耗电最优化。它广泛应用于计算机外部设备、工业实时控制、仪器仪表、通信设备、家用电器、宇航设备等各个领域。

**3. Motorola 单片机**

Motorola 是世界上最大的单片机厂商,从 M6800 开始,先后开发了 4 位、8 位、16 位、32 位的单片机,其中典型的代表有 8 位机 M6805 和 M68HC05 系列,8 位增强型机 M68HC11 和 M68HC12,16 位机 M68HC16,32 位机 M683XX。Motorola 单片机的特点之一是在同样的速度下所用的时钟频率较 Intel 类单片机低得多,因而使得其高频噪声低,抗干扰能力强,更适用于工控领域及恶劣的环境。

**4. Microchip 单片机**

Microchip 单片机的主要产品是 PIC 16C 系列和 17C 系列 8 位单片机,CPU 采用 RISC 结构,分别仅有 33、35、58 条指令,采用 Harvard 双总线结构,运行速度快,工作电压低,功耗低,具有较大的输入、输出直接驱动能力,价格低,一次性编程,体积小。它适用于用量大、档次低、价格敏感的产品,在办公自动化设备、消费电子产品、电讯通信、智能仪器仪表、汽车电子、金融电子、工业控制等不同领域都有广泛的应用。PIC 系列单片机在世界单片机市场份额排名中逐年提高,发展非常迅速。

**5. Winbon 单片机**

华邦公司的 W77、W78 系列 8 位单片机的引脚和指令集与 8051 兼容,但每个指令周期只需要 4 个时钟周期,速度提高了 3 倍,工作频率最高可达 40 MHz。同时增加了看门狗定时器(WatchDog Timer)、6 组外部中断源、2 组异步串行口(UART)、2 组数据指针(data pointer)及状态等待控制引脚(wait state control pin)。W741 系列的 4 位单片机带液晶驱动,可在线烧录,保密性高,采用低操作电压(1.2~1.8 V)。

## 1.2.4 单片机的应用领域

单片机技术应用范围广,在各种仪器仪表生产单位,石油、化工和纺织机械的加工行业,家用电器等领域都有广泛的应用。例如:

(1) 应用单片机设计的自动电饭煲、冰箱、空调机、全自动洗衣机等家用电器。

(2) 应用单片机设计的卫星定位仪、雷达、电子罗盘等导航设备。

(3) 通过 IC 卡、单片机、PC 机构成的各种收费系统。

(4) 各种测量工具,如时钟、超声波水位尺、水表、电表、电子称重计。

(5) 各种教学用仪器、医疗仪器、工业用仪器仪表。

(6) 由单片机构成的霓虹灯控制器。

(7) 汽车安全系统、消防报警系统。

(8) 智能玩具、机器人。

# 1.3　单片机的应用模式

## 1.3.1　单片机应用系统的结构

单片机应用系统的结构可分为以下 3 个层次。

（1）单片机：通常指应用系统主处理机，即所选择的单片机器件。

（2）单片机系统：指按照单片机的技术要求和嵌入对象的资源要求而构成的基本系统，如电源、时钟电路、复位电路和扩展存储器等与单片机构成了单片机系统。

（3）单片机应用系统：指能满足嵌入对象要求的全部电路系统。在单片机系统的基础上加上面向对象的接口电路，如前向通道、后向通道、人机交互通道（键盘、显示器、打印机等）和串行通信口（RS-232）以及应用程序等。

单片机应用系统 3 个层次的关系如图 1.1 所示。

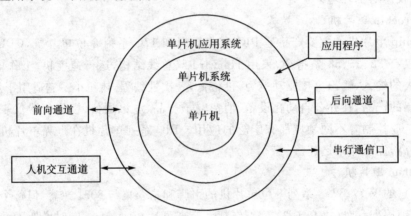

**图 1.1　单片机应用系统 3 个层次的关系**

## 1.3.2　单片机的种类

单片机可按应用领域、通用性和总线结构分类。

（1）按应用领域分：家电类、工控类、通信类和个人信息终端等。

（2）按通用性分：通用型和专用型（如计费率电表和电子记事簿等）。

（3）按总线结构分：总线型和非总线型。例如 89C51 为总线型，有数据总线、地址总线及相应的控制线（WR、RD、EA 和 ALE 等）；89C2051 等为非总线型，其外部引脚少，可使成本降低。

## 1.3.3　单片机的供应类型

按提供的存储器类型可分为以下 5 种类型。

（1）MASKROM 类：程序在芯片封装过程中用掩膜工艺制作到 ROM 区中，如 80C51，其适合大批生产。

（2）EPROM 类：紫外线可擦/写存储器类，如 87C51，其价格较贵。

（3）ROMless 类：无 ROM 存储器，如 80C31，其电路扩展复杂，较少用。

（4）OTPROM 类：可一次性写入程序。

（5）Flash ROM（MTPROM）类：可多次编程写入的存储器，如 89C51、89C52，其成本低，开发调试方便，在恶劣环境下可靠性不及 OTPROM。

## 1.3.4 单片机的应用模式

单片机应用模式的分类如图 1.2 所示。各应用模式的结构如图 1.3～图 1.6 所示。

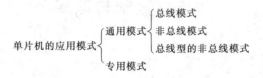

图 1.2 单片机应用模式的分类

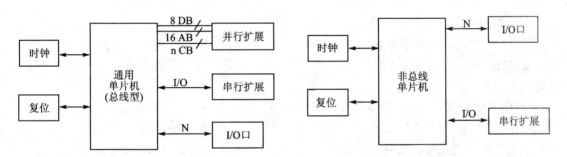

图.1.3 总线型的总线应用模式  图 1.4 非总线型的应用模式

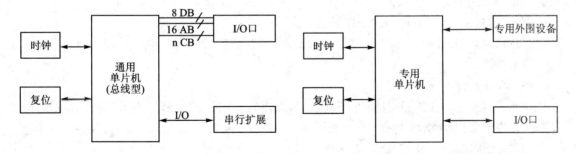

图 1.5 总线型的非总线应用模式  图 1.6 专用型的应用模式

## 1.4 单片机的应用开发过程

单片机的应用开发可分为以下 5 个过程：

（1）硬件系统设计调试。例如电路设计、PCB 印制板绘制等。

（2）应用程序的设计。可使用如 Wave、Keil - C51 等编译工具软件进行源程序编写、编译调试等。

（3）应用程序的仿真调试。指用仿真器对硬件进行在线调试或软件仿真调试，在调试中不断修改、完善硬件及软件。

（4）单片机应用程序的烧写。用专用的单片机烧写器可将编译过的二进制源程序文件写入单片机程序存储器内。

（5）系统脱机运行检查。进行全面检查，针对出现的问题修正硬件、软件或总体设计方案。

## 1.5  数制与编码

### 1.5.1  数制的表示

**1. 常用数制**

（1）十进制数

十进制数有以下两个主要特点：

① 有 10 个不同的数字符号：0、1、2、…、9；

② 低位向高位进位，采用"逢十进一"、"借一当十"的计数原则进行计数。十进制数用 D 结尾表示。

例如，十进制数（1 234.45）D 可表示为

$$(1\ 234.45)D = 1 \times 10^3 + 2 \times 10^2 + 3 \times 10^1 + 4 \times 10^0 + 4 \times 10^{-1} + 5 \times 10^{-2}$$

式中：10 称为十进制数的基数；$10^3$、$10^2$、$10^1$、$10^0$、$10^{-1}$ 称为各数位的权。

（2）二进制数

在二进制中只有两个不同数码：0 和 1，采用"逢二进一"、"借一当二"的计数原则进行计数。二进制数用 B 结尾表示。

例如，二进制数（11011011.01）B 可表示为

$$(11011011.01)B = 1 \times 2^7 + 1 \times 2^6 + 0 \times 2^5 + 1 \times 2^4 + 1 \times 2^3 + 0 \times 2^2 + 1 \times 2^1 + 1 \times 2^0 + 0 \times 2^{-1} + 1 \times 2^{-2}$$

（3）八进制数

在八进制中有 0、1、2、…、7 八个不同数码，采用"逢八进一"、"借一当八"的计数原则进行计数。八进制数用 Q 结尾表示。

例如，八进制数（503.04）Q 可表示为

$$(503.04)Q = 5 \times 8^2 + 0 \times 8^1 + 3 \times 8^0 + 0 \times 8^{-1} + 4 \times 8^{-2}$$

（4）十六进制数

在十六进制中有 0、1、2、…、9、A、B、C、D、E、F 共 16 个不同的数码，采用"逢十六进一"、"借一当十六"的计数原则进行计数。十六进制数用 H 结尾表示。

例如，十六进制数（4E9.27）H 可表示为

$$(4E9.27)H = 4 \times 16^2 + 14 \times 16^1 + 9 \times 16^0 + 2 \times 16^{-1} + 7 \times 16^{-2}$$

**2. 不同进制数之间的相互转换**

表 1.1 列出了二、八、十、十六进制数之间的对应关系，熟记这些对应关系对后续内容的学习会有较大的帮助。

表 1.1　各种进位制的对应关系

| 十进制 | 二进制 | 八进制 | 十六进制 | 十进制 | 二进制 | 八进制 | 十六进制 |
|---|---|---|---|---|---|---|---|
| 0 | 0 | 0 | 0 | 9 | 1001 | 11 | 9 |
| 1 | 1 | 1 | 1 | 10 | 1010 | 12 | A |
| 2 | 10 | 2 | 2 | 11 | 1011 | 13 | B |
| 3 | 11 | 3 | 3 | 12 | 1100 | 14 | C |
| 4 | 100 | 4 | 4 | 13 | 1101 | 15 | D |
| 5 | 101 | 5 | 5 | 14 | 1110 | 16 | E |
| 6 | 110 | 6 | 6 | 15 | 1111 | 17 | F |
| 7 | 111 | 7 | 7 | 16 | 10000 | 20 | 10 |
| 8 | 1000 | 10 | 8 | 17 | 10001 | 21 | 11 |

（1）二、八、十六进制数转换成为十进制数

根据各进制的定义表示方式,按权展开相加,即可转换为十进制数。

【例 1-1】　将(10101)B、(72)Q 和(49)H 转换为十进制数。

$(10101)B = 1 \times 2^4 + 0 \times 2^3 + 1 \times 2^2 + 0 \times 2^1 + 1 \times 2^0 = 37$

$(72)Q = 7 \times 8^1 + 2 \times 8^0 = 58$

$(49)H = 4 \times 16^1 + 9 \times 16^0 = 73$

（2）十进制数转换为二进制数

十进制数转换二进制数,需要将整数部分和小数部分分开,采用不同方法进行转换,然后用小数点将这两部分连接起来。

① 整数部分:除 2 取余法。

具体方法是:将要转换的十进制数除以 2,取余数;再用商除以 2,再取余数,直到商等于 0 为止,将每次得到的余数按倒序的方法排列起来作为结果。

【例 1-2】　将十进制数 25 转换成二进制数。

所以(25)D=(11001)B。

② 小数部分:乘 2 取整法。

具体方法是:将十进制小数不断地乘以 2,直到积的小数部分为 0(或直到所要求的位数)为止,每次乘得的整数部分依次排列即为相应进制的数码。最初得到的为最高位,最后得到的为最低位。

【例 1-3】　将十进制数 0.625 转换成二进制数。

$$
\begin{array}{r}
0.625 \\
\times \quad 2 \\
\hline
1.250 \\
\times \quad 2 \\
\hline
0.5 \\
\times \quad 2 \\
\hline
1.0
\end{array}
$$

1　最高位

0

1　最低位

所以(0.625)D=(0.101)B。

将十进制数 25.625 转换成二进制数,只要将例 1-2 和例 1-3 的整数和小数部分组合在一起即可,即(25.625)D=(11001.101)B。

(3) 十进制数转换为八进制数

十进制转换为八进制数与十进制转换为二进制数类似,只不过整数部分采用除 8 取余法,小数部分采用乘 8 取整法。

【例 1-4】 将十进制 193.12 转换成八进制数。

整数部分转换

$$
\begin{array}{r}
8 \;\lfloor 1\,9\,3 \quad \text{余数} \\
8 \;\lfloor 2\,4 \quad 1 \quad \text{最低位} \\
8 \;\lfloor 3 \quad 0 \\
0 \quad 3 \quad \text{最高位}
\end{array}
$$

小数部分转换

$$
\begin{array}{r}
0.12 \\
\times \quad 8 \quad \text{取整} \\
\hline
0.96 \quad 0 \quad \text{最高位} \\
\times \quad 8 \\
\hline
7.68 \quad 7 \\
\times \quad 8 \\
\hline
5.44 \quad 5 \quad \text{最低位}
\end{array}
$$

所以(193.12)D≈(301.075)Q。

(4) 二进制与八进制之间的相互转换

由于 $2^3=8$,故可采用"合三为一"的原则,即从小数点开始向左、右两边各以 3 位为一组进行二—八转换,不足 3 位的以 0 补足,便可以将二进制数转换为八进制数。反之,每位八进制数用 3 位二进制数表示,就可将八进制数转换为二进制数。

【例 1-5】 将(10100101.01011101)B 转换为八进制数。

010 100 101.010 111 010
　2　　4　　5.　2　　7　　2
即(10100101.01011101)B=(245.272)Q。

【例 1-6】 将(756.34)Q 转换为二进制数。

　7　　5　　6.　3　　4
111 101 110.011　100
即(756.34)Q=(111101110.0111)B。

(5) 二进制与十六进制之间的相互转换

由于 $2^4=16$,故可采用"合四为一"的原则,即从小数点开始向左、右两边各以 4 位为一组进行二—十六转换,不足 4 位的以 0 补足,便可以将二进制数转换为十六进制数。反之,每位十六进制数用 4 位二进制数表示,就可将十六进制数转换为二进制数。

【例 1-7】 将(1111111000111.100101011)B 转换为十六进制数。

0001 1111 1100 0111 . 1001 0101 1000
　1　　F　　C　　7　.　9　　5　　8

即(111111000111.100101011)B = (1FC7.958)H。

【例 1 - 8】 将(79BD.6C)H 转换为二进制数。

7　9　B　D　.　6　C
0111 1001 1011 1101 . 0110 1100

即(79BD.6C)H = (111100110111101.011011)B。

## 1.5.2 常用的信息编码

### 1. 二—十进制 BCD 码(Binary-Coded Decimal)

二—十进制 BCD 码是指每位十进制数用 4 位二进制数编码表示。由于 4 位二进制数可以表示 16 种状态,因此可丢弃最后 6 种状态,而选用 0000～1001 来表示十进制数中的 0～9。这种编码又叫做 8421 码。十进制数与 BCD 码的对应关系如表 1.2 所列。

**表 1.2　十进制数与 BCD 码的对应关系**

| 十进制数 | BCD 码 | 十进制数 | BCD 码 | 十进制数 | BCD 码 | 十进制数 | BCD 码 |
|---|---|---|---|---|---|---|---|
| 0 | 0000 | 5 | 0101 | 10 | 00010000 | 15 | 00010101 |
| 1 | 0001 | 6 | 0110 | 11 | 00010001 | 16 | 00010110 |
| 2 | 0010 | 7 | 0111 | 12 | 00010010 | 17 | 00010111 |
| 3 | 0011 | 8 | 1000 | 13 | 00010011 | 18 | 00011000 |
| 4 | 0100 | 9 | 1001 | 14 | 00010100 | 19 | 00011001 |

【例 1 - 9】 将十进制数 69.25 转换成 BCD 码。

6　9　.　2　5
0110 1001 . 0010 0101

结果为(69.25)D = (01101001.00100101)BCD。

【例 1 - 10】 将 BCD 码 100101111000.01010110 转换成十进制数。

1001 0111 1000 . 0101 0110
　9　7　8　.　5　6

结果为(100101111000.01010110)BCD = (978.56)D。

### 2. 字符编码(ASCII 码)

计算机使用最多、最普遍的是 ASCII(American Standard Code for Information Interchange)字符编码,即美国信息交换标准代码,如表 1.3 所列。

ASCII 码的每个字符用 7 位二进制数表示,其排列次序为 $d_6d_5d_4d_3d_2d_1d_0$,其中 $d_6$ 为高位,$d_0$ 为低位。而一个字符在计算机内实际是用 8 位表示,正常情况下,最高一位 $d_7$ 为"0"。7 位二进制数共有 128 种编码组合,可表示 128 个字符,其中数字 10 个、大小写英文字母 52 个、其他字符 32 个和控制字符 34 个。

数字 0～9 的 ASCII 码为 30H～39H。

大写英文字母 A～Z 的 ASCII 码为 41H～5AH。

小写英文字母 a～z 的 ASCII 码为 61H～7AH。

对于 ASCII 码表中的 0、A、a 的 ASCII 码 30H、41H、61H 应尽量记住,其余的数字和字母的 ASCII 码可按数字和字母的顺序以十六进制的规律算出。

表 1.3　7 位 ASCII 代码表

| d3 d2 d1d0 位 | 0 d6 d5 d4 位 | | | | | | | |
|---|---|---|---|---|---|---|---|---|
| | 000 | 001 | 010 | 011 | 100 | 101 | 110 | 111 |
| 0000 | NUL | DEL | SP | 0 | @ | P | ` | p |
| 0001 | SOH | DC1 | ! | 1 | A | Q | a | q |
| 0010 | STX | DC2 | " | 2 | B | R | b | r |
| 0011 | ETX | DC3 | # | 3 | C | S | c | s |
| 0100 | EOT | DC4 | $ | 4 | D | T | d | t |
| 0101 | ENQ | NAK | % | 5 | E | U | e | u |
| 0110 | ACK | SYN | & | 6 | F | V | f | v |
| 0111 | BEL | ETB | ' | 7 | G | W | g | w |
| 1000 | BS | CAN | ( | 8 | H | X | h | x |
| 1001 | HT | EM | ) | 9 | I | Y | i | y |
| 1010 | LF | SUB | * | : | J | Z | j | z |
| 1011 | VT | ESC | + | ; | K | [ | k | { |
| 1100 | FF | FS | , | < | L | \ | l | \| |
| 1101 | CR | GS | — | = | M | ] | m | } |
| 1110 | SO | RS | · | > | N | ↑ | n | ~ |
| 1111 | SI | HS | / | ? | O | ← | o | DEL |

# 思考与练习

1. 什么是嵌入式系统？有哪些类型？

2. 通用计算机系统与一般嵌入式系统的主要区别在哪里？

3. 单片机的主要发展方向是什么？

4. 单片机的主要供应类型是指什么？分几种供应类型？在研制开发时主要用什么单片机？

5. 什么是总线型单片机？什么是非总线型单片机？什么是总线应用模式？什么是非总线应用模式？

6. 简述单片机的开发过程。

7. 将十进制数 235 分别转换为二进制数、八进制数、十六进制数。

8. 将十进制数 100.75 分别转换为二进制数、八进制数、十六进制数。

9. 将十六进制数(7F.F)H 转换为十进制数。

10. 将二进制数(10110011.11)B 转换为十进制数。

11. 以每位同学的学号后三位为十进制数，分别将其转换为二进制数和十六进制数。

# 第2章 单片机基本结构与工作原理

## 2.1 单片机的基本结构

典型 51 系列单片机是由 CPU 系统、CPU 外围电路和基本功能单元 3 部分组成,如图 2.1 所示。

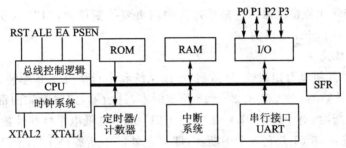

图 2.1　80C51 系列单片机的基本原理

**1. CPU 系统**

CPU 系统包括 CPU、时钟系统和总线控制逻辑 3 部分,其功能如下。

(1) CPU:包含运算器和控制器,专门为面向控制对象、嵌入式特点而设计,有突出控制功能的指令系统。

(2) 时钟系统:包含振荡器、外接谐振元件,可关闭振荡器或 CPU 时钟,其结构如图 2.2 所示。

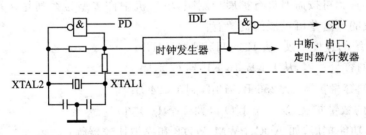

图 2.2　80C51 的时钟系统

(3) 总线控制逻辑:主要用于管理外部并行总线时序及系统的复位控制,外部引脚有 RST、ALE、EA 和 PSEN。

RST:系统复位用。

ALE:数据(地址)复用控制。

EA:外部/内部程序存储器选择。

PSEN:外部程序存储器的取指控制。

单片机的上电复位电路如图 2.3 所示。

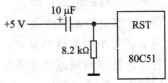

图 2.3　单片机的上电复位电路

**2. CPU 外围电路**

CPU 外围电路包括 ROM、RAM、I/O 口和 SFR 4 部分。

（1）ROM：程序存储器。其地址范围一般为 0000H～FFFFH（64 KB）。按供应类型分：80C51 为 ROMless，83C51 为 MaskROM，87C51 为 EPROM/OTPROM，89C51 为 FlashROM。

（2）RAM：数据存储器。其地址范围为 00H～FFH（256 B），是一个多用多功能数据存储器，有数据存储、通用工作寄存器、堆栈和位地址等空间。

（3）I/O 端口：80C51 系列单片机有 4 个 8 位 I/O 端口，分别为 P0、P1、P2 和 P3。P0 为数据总线端口，P2、P0 组成 16 位地址总线，P1 为用户端口，P3 用于基本输入/输出端口以及并行扩展总线的读/写控制。P0、P2 可作用户 I/O 端口，P3 不作基本功能单元的输入/输出端口时，可作用户 I/O 端口。

（4）SFR：特殊功能寄存器。它是单片机中的重要控制单元，CPU 对所有片内功能单元的操作都是通过访问 SFR 实现的。

**3. 基本功能单元**

80C51 系列单片机具有定时器/计数器、中断系统和串行接口 3 个基本功能单元。

（1）定时器/计数器：80C51 有 2 个 16 位定时器/计数器，定时时靠内部的分频时钟频率计数实现；作计数器时，对 P3.4（T0）或 P3.5（T1）端口的低电平脉冲计数。

（2）中断系统：80C51 共有 5 个中断源，即 2 个外部中断源 $\overline{INT0}$、$\overline{INT1}$，2 个定时器溢出中断（T0、T1）和 1 个串行中断。

（3）串行接口 UART：该接口一个带有移位寄存器工作方式的通用异步收发器，不仅可以作串行通信，还可用于移位寄存器方式的串行外围扩展。RXD（P3.0）脚为接收端口，TXD（P3.1）脚为发送端口。

# 2.2　单片机内部资源的配置

单片机内部资源可按需要进行扩展与删减，单片机中许多型号系列是在基核的基础上扩展部分资源形成的。这些可扩展的资源有：

（1）时钟系统的速度扩展，从 12 MHz 到 40 MHz；

（2）ROM 的容量扩展，从 8 KB、16 KB 到 64 KB；

（3）RAM 的容量扩展，从 256 B、512 B 到 1 024 B；

（4）I/O 口的数量扩展，从 4 个 I/O 口到 7 个 I/O 口；

（5）SFR 的功能扩展，如 ADC、PWM、WDT 和模拟比较器等；

（6）中断系统的中断源扩展；

（7）定时器/计数器的数量扩展和功能扩展；

（8）串行口的增强扩展；

（9）电源供给系统的宽电压适应性扩展，从 2.7 V 到 6 V。

为了满足小型廉价的要求，可将单片机的某些资源删减，某些功能加强，以达到不同场合使用要求。这些删减或增加资源的内容如下：

（1）总线删减。例如 89C1051、89C2051 删除了并行总线，成为 20 脚封装。

（2）功能删减。例如 89C1051 只有 1 KB 的 ROM、64 B 的 RAM 和 1 个定时器/计数器，

删除了串行口 UART 单元。

（3）某些功能加强。例如增加模拟比较器和计数器捕捉功能等。

# 2.3　单片机的外部特性

## 2.3.1　单片机的引脚分配及功能描述

**1. 80C51 单片机不同封装的引脚分配图**

80C51 系列的 DIP、LCC 和 QFP 封装引脚示意图如图 2.4 所示。

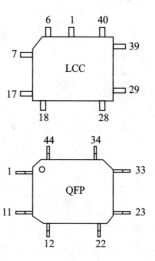

**图 2.4　80C51 系列的 DIP、LCC 和 QFP 封装引脚示意图**

**2. 80C51 引脚功能描述**

80C51 引脚功能描述如表 2.1 所列。

**表 2.1　80C51 引脚功能描述**

| 引脚标记 | 引脚编号 | | | 端　口<br>类　别 | 引脚名称及功能描述 |
|---|---|---|---|---|---|
| | DIP | LCC | QFP | | |
| $V_{SS}$ | 20 | 22 | 16 | I | 地端：0 V 基准 |
| $V_{CC}$ | 40 | 44 | 38 | I | 电源端：正常操作、空闲和掉电状态的供电 |
| P0.0～P0.7 | 39～32 | 43～36 | 37～30 | I/O | P0 口：开漏结构的准双向口，是 80C51 并行总线的数据总线和低 8 位地址总线；不作总线使用时，也可用作普通 I/O 口 |
| P1.0～P1.7 | 1～8 | 2～9 | 40～44<br>1～3 | I/O | P1 口：带内部上拉电阻的准双向口 |
| P2.0～P2.7 | 21～28 | 24～31 | 18～25 | I/O | P2 口：带内部上拉电阻的准双向口，是并行总线的高 8 位地址线；不作总线地址线时，也可用作普通 I/O 口 |

| 引脚标记 | 引脚编号 | | | 端 口类 别 | 引脚名称及功能描述 |
|---|---|---|---|---|---|
| | DIP | LCC | QFP | | |
| P3.0～P3.7 | 10～17 | 11、13～19 | 5、7～13 | I/O | P3 口：带内部上拉电阻的准双向口，具有复用功能，除作普通 I/O 口外，还具有以下用途：<br>RXD：UART 的串行输入口，移位寄存器方式的数据端<br>TXD：UART 的串行输出口，移位寄存器方式的时钟端<br>INT0：外部中断 0 输入口<br>INT1：外部中断 1 输入口<br>T0：定时器/计数器 0 输入口<br>T1：定时器/计数器 1 输入口<br>WR：片外 RAM"写"控制信号<br>RD：片外 RAM"读"控制信号 |
| RST | 0 | 10 | 4 | I | 复位端：高电平有效复位，在复位端上保持两个机器周期的高电平即可完成操作 |
| ALE/$\overline{PROG}$ | 30 | 33 | 27 | I/O | 地址锁存允许/编程脉冲输入端：访问外部存储器时，提供 P0 口作为低 8 位地址的锁存信号；编程写入时，作为编程脉冲输入端；正常操作时，输出时钟振荡器的 6 分频频率信号 |
| $\overline{PSEN}$ | 29 | 32 | 36 | O | 外部程序存储器选通信号：使用外部程序存储器时，作为外部程序存储器的取指控制端 |
| $V_{PP}$/$\overline{EA}$ | 31 | 35 | 29 | I | 内外程序存储器选择/编程写入电源输入端：EA＝0 时选择访问外部程序存储器；编程写入时输入编程电压 $V_{PP}$ |
| XTAL2 | 18 | 20 | 14 | O | 谐振器端口 2：时钟振荡器反相放大器输出端 |
| XTAL1 | 19 | 21 | 15 | I | 谐振器端口 1：时钟振荡器反相放大器输入端 |

## 2.3.2　单片机的引脚功能分类

（1）基本引脚：电源 $V_{CC}$、$V_{SS}$，时钟 XTAL2、XTAL1 和复位 RST。

（2）并行扩展总线：数据总线 P0 口，地址总线 P0 口（低 8 位）、P2 口（高 8 位）和控制总线 ALE、$\overline{PSEN}$、$\overline{EA}$。

（3）串行通信总线：发送口 TXD 和接收口 RXD。

（4）I/O 端口：P1 口为普通 I/O 口，P3 口可复用作普通 I/O 口，P0、P2 口不作并行口时也可作普通 I/O 口。

## 2.3.3　单片机的引脚应用特性

### 1. 并行总线的构成特性

80C51 并行总线的构成如图 2.5 所示。

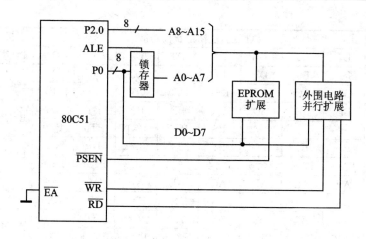

**图 2.5 80C51 并行总线的构成**

并行总线口特点：

（1）P0 口为地址/数据复用口。

（2）两个独立的并行扩展空间。程序存储器使用$\overline{PSEN}$取指控制信号，数据采用$\overline{WR}$、$\overline{RD}$存取控制信号。

（3）外围扩展统一编址。在 64 KB 的空间上，可扩展外数据存储器或其他外围器件。

**2. 引脚复用特性**

P3 口、P0 口和 P2 口均可用作普通 I/O 口。

**3. I/O 的驱动特性**

由于采用 CMOS 电路，输入电流极微，通常不必考虑 I/O 端口的扇出能力；只有当负载为 LED、继电器等功率驱动元件时，才考虑 I/O 口的驱动能力。

# 2.4 单片机的 SFR 运行管理模式

## 2.4.1 80C51 中的 SFR

### 1. SFR 清单

80C51 共有 21 个 SFR（特殊功能寄存器），用于实现对片内 13 个电路单元的操作管理，其中 11 个可位寻址，10 个不可位寻址。表 2.2 列出了这些寄存器名及其功能特性。

**表 2.2 80C51 中的 SFR**

| 符号 | 寄存器名 | 位地址、位标记及位功能 | | | | | | | | 直接地址 | 复位状态 |
| --- | --- | --- | --- | --- | --- | --- | --- | --- | --- | --- | --- |
| | | D7 | D6 | D5 | D4 | D3 | D2 | D1 | D0 | | |
| (1)可位寻址 SFR（共 11 个） | | | | | | | | | | | |
| ACC | 累加器 | E7 | E6 | E5 | E4 | E3 | E2 | E1 | E0 | E0H | 00H |
| | | ACC.7 | ACC.6 | ACC.5 | ACC.4 | ACC.3 | ACC.2 | ACC.1 | ACC.0 | | |
| B | B 寄存器 | F7 | F6 | F5 | F4 | F3 | F2 | F1 | F0 | F0H | 00H |
| | | B.7 | B.6 | B.5 | B.4 | B.3 | B.2 | B.1 | B.0 | | |

| 符号 | 寄存器名 | 位地址、位标记及位功能 | | | | | | | | 直接地址 | 复位状态 |
|------|----------|------|------|------|------|------|------|------|------|---------|---------|
| | | D7 | D6 | D5 | D4 | D3 | D2 | D1 | D0 | | |
| PSW | 程序状态字 | D7 | D6 | D5 | D4 | D3 | D2 | D1 | D0 | D0H | 00H |
| | | CY | AC | F0 | RS1 | RS0 | OV | — | P | | |
| IP | 中断优先权寄存器 | BF | BE | BD | BC | BB | BA | B9 | B8 | B8H | ×××00000B |
| | | — | — | — | PS | PT1 | PX1 | PT0 | PX0 | | |
| P3 | P3 口 | B7 | B6 | B5 | B4 | B3 | B2 | B1 | B0 | B0H | FFH |
| | | P3.7 | P3.6 | P3.5 | P3.4 | P3.3 | P3.2 | P3.1 | P3.0 | | |
| IE | 中断允许寄存器 | AF | AE | AD | AC | AB | AA | A9 | A8 | A8H | 0××00000B |
| | | EA | — | — | ES | ET1 | EX1 | ET0 | EX0 | | |
| P2 | P2 口 | A7 | A6 | A5 | A4 | A3 | A2 | A1 | A0 | A0H | FFH |
| | | P2.7 | P2.6 | P2.5 | P2.4 | P2.3 | P2.2 | P2.1 | P2.0 | | |
| SCON | 串行口控制寄存器 | 9F | 9E | 9D | 9C | 9B | 9A | 99 | 98 | 98H | 00H |
| | | SM0 | SM1 | SM2 | REN | TB8 | RB8 | TI | RI | | |
| P1 | P1 口 | 97 | 96 | 95 | 94 | 93 | 92 | 91 | 90 | 90H | FFH |
| | | P1.7 | P1.6 | P1.5 | P1.4 | P1.3 | P1.2 | P1.1 | P1.0 | | |
| TCON | 定时器控制寄存器 | 8F | 8E | 8D | 8C | 8B | 8A | 89 | 88 | 88H | 00H |
| | | TF1 | TR1 | TF0 | TR0 | IE1 | IT1 | IE0 | IT0 | | |
| P0 | P0 口 | 87 | 86 | 85 | 84 | 83 | 82 | 81 | 80 | 80H | FFH |
| | | P0.7 | P0.6 | P0.5 | P0.4 | P0.3 | P0.2 | P0.1 | P0.0 | | |

(2)不可位寻址 SFR(共 10 个)

| 符号 | 寄存器名 | | | | | | | | | 直接地址 | 复位状态 |
|------|----------|---|---|---|---|---|---|---|---|---------|---------|
| SP | 栈指示器 | | | | | | | | | 81H | 07H |
| DPL | 数据指针低 8 位 | | | | | | | | | 82H | 00H |
| DPH | 数据指针高 8 位 | | | | | | | | | 83H | 00H |
| PCON | 电源控制寄存器 | SMOD | — | — | — | GF1 | GF0 | PD | IDL | 87H | 0×××0000B |
| TMOD | 定时器方式寄存器 | GATE | C/$\overline{T}$ | M1 | M0 | GATE | C/$\overline{T}$ | M1 | M0 | 89H | 00H |
| TL0 | T0 寄存器低 8 位 | | | | | | | | | 8AH | 00H |
| TL1 | T1 寄存器低 8 位 | | | | | | | | | 8BH | 00H |
| TH0 | T0 寄存器高 8 位 | | | | | | | | | 8CH | 00H |
| TH1 | T1 寄存器高 8 位 | | | | | | | | | 8DH | 00H |
| SBUF | 串行口数据缓冲器 | | | | | | | | | 99H | ××××××××B |

**2. 几个特殊功能寄存器的说明**

(1) ACC 累加器

累加器是 CPU 中使用最多的寄存器,简称 ACC 或 A。其主要作用如下:

① A 是 ALU 单元输入之一,也是结果存放单元。

② CPU 中大多数数据传送都通过 A,因此 A 相当于数据的中转站,如查表指令、片外存储指令等。

③ 在进行汇编压堆栈操作时,要用"PUSS　ACC"或"POP　ACC"(不能用"PUSS　A"或"POP　A")。

(2) B 寄存器

B 寄存器在乘法和除法指令中作为 ALU 的输入之一。在乘法中,ALU 的输入数为 A 和 B,运算结果低位放在 A 中,高位放在 B 中。在除法中,被除数取自 A,除数取自 B,商在 A 中,余数在 B 中。在其他情况下,B 寄存器可作为内部 RAM 的一个单元使用。

(3) 程序状态字 PSW

CY　　　　　进位标志,当有进位/借位时,C=1;否则 C=0。

AC　　　　　半进位标志,当 D3 向 D4 位产生进位或借位时,AC=1。

F0　　　　　标志位,用户可置位或复位。

RS1、RS0　4 个通用寄存器组选择位。

OV　　　　　溢出标志,当带符号数运算结果超出 −128～+127 范围时,OV=1;当无符号数乘法结果超出 255 时,或无符号数除法的除数为 0 时,OV=1。

P　　　　　奇偶校验标志,每条指令执行完,若 A 中 1 的个数为奇数时,P=1;否则 P=0,即偶校验方式。

(4) 堆栈指针 SP

单片机中堆栈指针 SP 在压堆栈时的地址是向上增加的,其操作次序为先地址加 1,再压堆栈(保存数据);在出堆栈时地址是向下减小的,其操作次序为先移出数据,再地址减 1。在进行单片机堆栈操作的汇编编程时要遵循"先进后出,后进先出"的数据操作规律。

(5) 数据指针 DPTR

数据指针 DPTR 是一个 16 位的特殊功能寄存器,其主要功能是作为片外数据存储器寻址用地址寄存器(间接寻址),故称数据指针。DPTR 可直接用双字节操作,也可对 DPL、DPH 分别用单字节操作。

**3. SFR 的应用特性**

(1) 可以对 SFR 进行编程操作。

(2) 对 SFR 编程时,必须了解该 SFR 的位定义、位地址和字节地址等情况。

(3) 应用时要区分控制位与标志位。

(4) 要了解标志位的清除特性(硬件自动清除或软件清除)。

## 2.4.2　SFR 的寻址方式

**1. SFR 的直接寻址方式**

在 80C51 片内 RAM 80H～FFH 地址上有两个物理空间:一个是 SFR 的单元地址;另一个是高 128 字节的数据地址。采用直接寻址访问的是 SFR,而间接寻址则访问数据存储器。

**2. SFR 的位寻址与字节寻址**

在 80C51 中有许多 SFR 可位操作(直接地址为×0H 或×8H),空出的 8 个地址号依次作为 8 个位地址。例如 TCON 的直接地址为 88H,而 IT0 的位地址也是 88H,对 TCON 寻址使用直接寻址,而对 IT0 寻址则使用位寻址。

### 2.4.3  SFR 的复位状态

(1) I/O 端口均为 FFH 状态。

(2) 栈指示器 SP＝07H。

(3) 所有 SFR 有效位均为 0。

(4) 复位时 RAM 中值不变,但上电复位时 RAM 中为随机数。

(5) SBUF 寄存器为随机数。

## 2.5  单片机的 I/O 端口及应用特性

### 2.5.1  I/O 端口电气结构

80C51 单片机的 P0、P1、P2 和 P3 口的结构如图 2.6 所示。

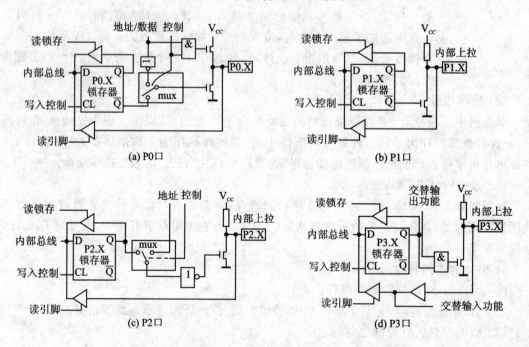

(a) P0口

(b) P1口

(c) P2口

(d) P3口

**图 2.6  80C51 的 P0、P1、P2、P3 口的结构示意图**

其特点如下:

(1) 锁存器加引脚结构。

(2) I/O 复用结构。其中 P0 口作并行扩展时为三态双向口;P3 口为功能复用 I/O 口,由内部控制端控制。

（3）准双向口结构。P0～P3 口作普通 I/O 口使用时均为准双向口。典型结构如 P1 口，输入时读引脚；输出时为写锁存器。

## 2.5.2 I/O 端口应用特性

（1）端口的自动识别：P0、P2 总线复用，P3 功能复用，内部资源自动选择。

（2）端口锁存器的读、改、写操作：都是一些逻辑运算、置位/清除和条件转移等指令。

（3）读引脚的操作指令：I/O 端口被指定为源操作数即为读引脚操作。例如，执行"MOV A，P1"时，P1 口的引脚状态传送到累加器中；而相对应的"MOV P0，A"指令则是将累加器的内容传送到 P1 口锁存器中。

（4）准双向口的使用：端口作输入时，读入时应先对端口置 1，然后再读引脚。

例如，将 P1 口的状态读入累加器 A 中，就需执行以下两条指令：

MOV　　P1，♯0FFH　　；P1 口置输入状态
MOV　　A，　P1　　　　；将 P1 口读入 A 中

（5）P0 口作普通口使用：此时必须加上拉电阻。

（6）I/O 驱动特性：P0 口可驱动 8 个 LSTTL 输入端，P1～P3 口可驱动 4 个 LSTTL 输入端。

# 2.6　80C51 单片机存储器系统及操作方式

## 2.6.1　80C51 存储器的结构

80C51 程序存储器系统结构如图 2.7 所示，其寻址范围为 64 KB（用 PC 或 DPTR）。80C51 数据存储器系统结构如图 2.8 所示，其片内数据存储器寻址范围为 256 字节，80H～FFH 只能间接寻址；其片外数据存储器寻址范围为 64 KB（用 DPTR、P2、@Ri）。

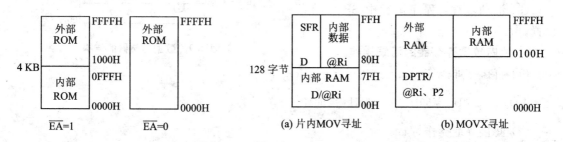

图 2.7　80C51 程序存储器系统结构　　　　图 2.8　80C51 数据存储器系统结构

## 2.6.2　程序存储器及其操作

程序存储器用来存放应用程序和表格常数，设计中应根据要求选择容量，其最大容量为 64 KB。单片机复位时，PC 指针从 0000H 地址开始执行，应用程序的第一条指令的入口必须是 0000H。程序存储器中有一些固定的中断入口地址，这些入口地址不得安放其他程序，而应安放中断服务程序，这些入口地址如表 2.3 所列。

**表 2.3　程序存储器的固定中断入口地址**

| ROM 地址 | 用　途 | 优先级 |
|---|---|---|
| 0000H | 复位程序运行入口 | |
| 0003H | 外中断 0 入口地址(IE0) | 高 |
| 000BH | 定时器 T0 溢出中断入口地址(TF0) | |
| 0013H | 外中断 1 入口地址(IE1) | |
| 001BH | 定时器 T1 溢出中断入口地址(TF1) | |
| 0023H | 串行口发送/接收中断入口地址(RI+TI) | 低 |
| 002BH | 定时器 T2 中断入口地址(TF2+EXF2) | |

程序存储器的操作有以下两种。

(1) 程序指令的自主操作:按 PC 指针顺序操作。

(2) 表格常数的查表操作:用 MOVC 指令。

## 2.6.3　数据存储器结构及应用特性

**1. 片内数据存储器的结构**

数据存储器的结构如图 2.9 所示。

**2. 片内数据存储器的应用特性**

(1) 复用特性:除工作寄存器、位寻址单元有固定空间外,其余没有使用的都可作数据缓冲区。

(2) 复位特性:复位时 SP=07H,PSW=00H,故栈底在 07H,工作寄存器为 0 组。

(3) 活动堆栈:程序运行中 SP 可随意设置。

**3. 片内数据存储器的汇编操作**

(1) 直接寻址操作,如:

MOV　　30H,♯50H　　;30H←♯50H

(2) 间接寻址操作,如:

MOV　　R0,♯30H　　;30H 赋给 R0

MOV　　A,@R0　　;A←((R0))

(3) 位地址空间操作,如:

SETB　　00H　　;20H 的 D0 位置 1

(4) 工作寄存器的选择操作,如:

MOV　　PSW,♯18H　　;RS1、RS0 置成 11

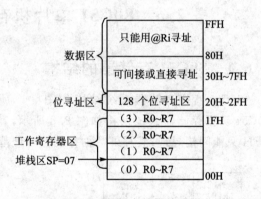

图 2.9　数据存储器的结构

（5）堆栈操作，如：

MOV　　SP,♯70H　　　　　;栈底设在 70H

**4. 片外数据存储器的汇编操作**

使用 MOVX 命令,只能与 A 交换数据。

（1）读入数据

MOVX　　A,@TPDR

或

MOVX　　A,@Ri

（2）写入数据

MOVX　　@TPTR, A

或

MOVX　　@Ri, A

例如：将片外 567FH 单元的数写入累加器 A 中,用 DPTR 指针操作为

MOV　　DPTR,♯567FH

MOVX　　A,@DPTR

用 R0 间接寻址操作为

MOV　　R0,♯7FH

MOV　　P2,♯56H

MOVX　　A,@R0

# 思考与练习

1. 典型单片机由哪几部分组成? 每部分的基本功能是什么?

2. 单片机的主要性能包括哪些?

3. 描述单片机的引脚功能。

4. 在 80C51 中,SFR 在内存里占什么空间? 其寻址方式是怎样的?

5. 在 80C51 中,哪些内存空间可以位寻址? 位地址范围是多少?

6. 在 80C51 的 80H～FFH 内分哪两个物理空间? 如何来区别这两个空间?

7. 在程序存储器中,程序复位运行及中断入口的地址是在哪里?

# 第3章 单片机的汇编指令系统

## 3.1 单片机指令系统基础

### 3.1.1 汇编指令格式

汇编指令是指令系统最基本的书写方式,由助记符、目的操作数和源操作数组成。其格式如下:

(标号:) 操作码助记符 目的操作数,源操作数 (;注释)

标号可以是以英文字母开头的字母、数字和某些特殊符号的序列。某条指令一旦赋予标号,则在其他指令的操作数中即可引用该标号作为引用地址。

操作码助记符用来表达指令的操作功能。

操作数是指令操作所需的数据、地址或符号(标号)。通常右边操作数为源操作数,左边为目的操作数。例如:

```
MOV     A,#40H          ;把数 40H 送入累加器 A 中
MOV     A,40H           ;把 40H 中的数送入累加器 A 中
INC     A               ;A 中的数加 1
CJNE    A,#40H,LOOP1    ;A 中数与数 40H 比较,不等时程序转到 LOOP1
DIV     AB              ;A 中内容被 B 中内容除,商在 A 中,余数在 B 中
```

### 3.1.2 指令代码格式

指令代码是程序指令的二进制数字表示方法。指令有单字节指令、双字节指令和三字节指令。第 1 个字节代码为操作码,表达了指令的操作功能;第 2、3 个字节则为操作数,可以是地址或立即数。

表 3.1 中列出了几种汇编指令与指令代码。

表 3.1 汇编指令与指令代码

| 代码字节 | 指令代码 | 汇编指令 | | 指令周期 |
|---|---|---|---|---|
| 单字节 | 84 | DIV | AB | 四周期 |
| 单字节 | A3 | INC | TPTR | 双周期 |
| 双字节 | 7440 | MOV | A,#40H | 单周期 |
| 三字节 | B440 rel | CJNE | A,#40H,LOOP | 双周期 |

### 3.1.3 汇编指令中的符号约定

汇编指令中的符号约定如下:

Rn(0～7)　　　当前选中的 8 个工作寄存器 R0～R7；

Ri(i＝0,1)　　当前选中的用于间接寻址的两个工作寄存器 R0、R1；

direct　　　　8 位直接地址,可以是 RAM 单元地址(00H～7FH)或特殊功能寄存器(SFR)
　　　　　　　地址(80H～FFH)；

#data　　　　8 位常数；

#data16　　　16 位常数；

addr16　　　 16 位地址；

addr11　　　 11 位地址；

rel　　　　　 8 位偏移地址,表示相对跳转的偏移字节,按下一条指令的第 1 个字节计算,
　　　　　　　在－128～＋127 取值范围内；

DPTR　　　　16 位数据指针；

bit　　　　　 位地址,内部 RAM 20H～2F 中可寻址位和 SFR 中的可寻址位；

A　　　　　　累加器；

B　　　　　　B 寄存器,用于乘法等指令中；

C　　　　　　进位标志或进位位,或位操作指令中的位累加器；

@　　　　　　间接寻址寄存器的前缀；

/　　　　　　 位操作的取"反"前缀。

## 3.1.4　指令系统的寻址方式

指令系统的寻址方式有以下 7 种。

**1. 寄存器寻址方式**

(1) 单片机中的所有工作寄存器 R0～R7 及 SFR 都是可寻址寄存器,这些寄存器都以寄存器名作指令操作数。例如：

```
MOV     A,R0
MOV     SP,#70H
```

(2) 在寄存器寻址方式的操作指令中,寄存器内容作为操作数,可以是源操作数或目的操作数。例如：

```
MOV     R1,#10H
MOV     A,R1
```

**2. 直接寻址方式**

(1) 直接寻址的空间有片内数据存储器的直接地址 direct,其包括 00H～7FH 中的数据区及 80H～FFH 中的 SFR。

(2) 直接寻址方式的操作指令直接把地址作为操作数来运行,既可作为源操作数,也可作为目的操作数。例如：

```
MOV     50H,60H
MOV     DPH,40H
INC     60H
```

**3. 间接寻址方式**

（1）间接寻址的地址空间有片内数据存储器的 00H～FFH 和片外数据存储器的 0000H～FFFFH。

（2）间接寻址的寄存器有 Ri 和 DPTR，间接寻址时要在间接寻址寄存器标记前面加@符号。

（3）间接寻址时，寄存器中的内容是操作数的地址。例如：

```
MOV      R0,#30H
MOV      A,@R0
MOV      DPTR,#0FFFH
MOVX     A,@DPTR
```

**4. 位寻址方式**

（1）位寻址的位地址在 RAM 的 20H～2FH 单元的 128 个位和 SFR 中可位寻址的位单元。

（2）进位位 C 作为位操作的位累加器。

（3）在位寻址操作中，位单元可以使用地址编号或位地址名。例如：

```
SETB     TR0
CLR      00H
ANL      C,5FH      ;将 5FH 中的位状态与进位位 C 相"与"，结果在 C 中
```

**5. 立即寻址方式**

（1）常数用来参与指令操作，一般用"＃"标记作前缀。

（2）立即数在寻址操作中只能作源操作数。例如：

```
MOV      A,#30H
MOV      DPTR,#2FFFH
ANL      A,#0F4H
```

**6. 基址变址寻址方式**

（1）基址变址寻址方式是一种间接寻址方式，PC 和 DPTR 可作为基址地址，A 作为变量地址。

（2）共有 3 条指令：

```
MOVC     A,@A+DPTR
MOVC     A,@A+PC
JMP      @A+DPTR
```

**7. 相对寻址方式**

（1）相对寻址中，相对地址 rel 是一个 8 位的地址偏移量，是相对于转移指令下一条指令第一个代码的地址偏移量，为 −128～＋127。

（2）使用中应注意 rel 的范围不要超出。例如：

```
JZ       LOOP
DJNE     R0,DISPLAY
```

# 3.2　指令系统的分类与速解

## 3.2.1　指令的分类图解

按指令的操作功能,80C51 单片机的指令系统由数据传送、算术操作、逻辑操作、程序转移和位操作指令组成,共有 111 条指令。

指令图解的标记符号如下。

箭头:单箭头表示操作数从源操作数到目的操作数;双箭头表示源操作数与目的操作数可互换;箭头上标有指令助记符。

圆框:为累加器 A 或位累加器 C。

矩形框:为指令操作数的空间。

虚线矩形框:为立即数 ♯data。

**1.　数据传送类指令(共 29 条)**

(1) 程序存储器查表指令 MOVC(共 2 条),如图 3.1 所示。

(2) 片外 RAM 数据传送指令 MOVX(共 4 条),如图 3.2 所示。

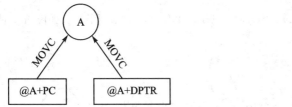

图 3.1　程序存储器查表指令

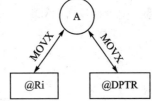

图 3.2　片外数据存储器数据传送指令

(3) 片内 RAM 及寄存器间的数据传送指令 MOV、PUSH 和 POP(共 18 条),如图 3.3 所示。

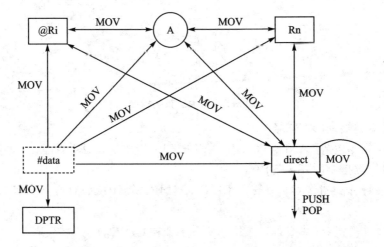

图 3.3　片内 RAM 及寄存器间的数据传送指令

(4) 数据交换指令 XCH、XCHD 和 SWAP(共 5 条),如图 3.4 所示。

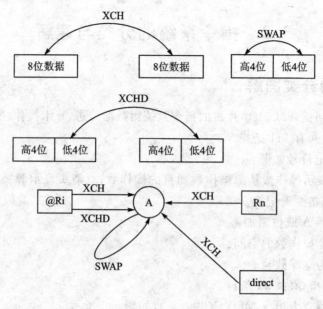

**图 3.4  数据交换指令**

**2. 算术运算类指令(共 24 条)**

算术运算类指令包括:ADD、ADDC、SUBB、MUL、DIV、INC、DEC 和 DA,如图 3.5 所示。

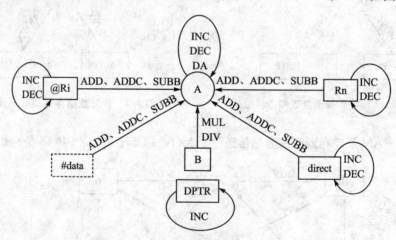

**图 3.5  算术运算类指令**

**3. 逻辑运算类指令(共 24 条)**

逻辑运算类指令包括:ANL、ORL、XRL、CLR、CPL、RR、RRC、RL 和 RLC,如图 3.6 所示。

**4. 转移操作类指令(共 17 条)**

(1)无条件转移类指令(共 9 条):LJMP、AJMP、SJMP、LCALL、ACALL、JMP、RETI、RET 和 NOP。

(2)条件转移类指令(共 8 条):JZ、JNZ、DJNZ 和 CJNE,如图 3.7 所示。

**5. 布尔指令(共 17 条)**

(1)位操作指令(共 12 条):MOV、ANL、ORL、CLR、SETB 和 CPL,如图 3.8 所示。

(2)位条件转移指令(共 5 条):JC、JNC、JB、JNB 和 JBC,如图 3.9 所示。

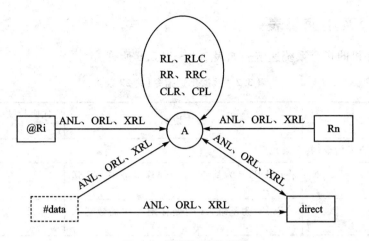

**图 3.6 逻辑运算类指令**

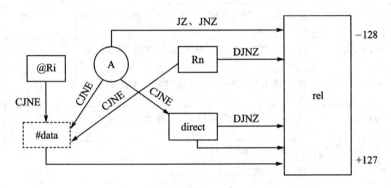

**图 3.7 条件转移类指令**

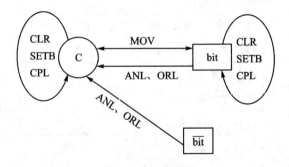

**图 3.8 位操作指令**

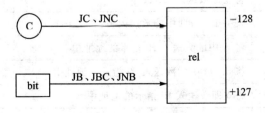

**图 3.9 位条件转移指令**

## 3.2.2　指令系统速解表

80C51 单片机的指令系统速解表如表 3.2～表 3.6 所列。

**表 3.2　数据传送指令(共 29 条)**

| 汇编指令 | | 操作说明 | 代码长度 /字节 | 指令周期 | |
|---|---|---|---|---|---|
| | | | | Tosc | Tm |
| (1) 程序存储器查表指令(共 2 条) | | | | | |
| MOVC | A,@A+DPTR | 将以 DPTR 为基址,A 为偏移地址中的数送入 A 中 | 1 | 24 | 2 |
| MOVC | A,@ A+PC | 将以 PC 为基址,A 为偏移地址中的数送入 A 中 | 1 | 24 | 2 |
| (2) 片外 RAM 数据传送指令(共 4 条) | | | | | |
| MOVX | A,@DPTR | 将片外 RAM 中的 DPTR 地址中的数送入 A 中 | 1 | 24 | 2 |
| MOVX | @DPTR,A | 将 A 中的数送入片外 RAM 中的 DPTR 地址单元中 | 1 | 24 | 2 |
| MOVX | A,@Ri | 将片外 RAM 中@Ri 指示的地址中的数送入 A 中 | 1 | 24 | 2 |
| MOVX | @Ri,A | 将 A 中的数送入片外@Ri 指示的地址单元中 | 1 | 24 | 2 |
| (3) 片内 RAM 及寄存器间的数据传送指令(共 18 条) | | | | | |
| MOV | A,Rn | 将 Rn 中的数送入 A 中 | 1 | 12 | 1 |
| MOV | A,direct | 将直接地址 direct 中的数送入 A 中 | 2 | 12 | 1 |
| MOV | A,#data | 将 8 位常数送入 A 中 | 2 | 12 | 1 |
| MOV | A,@Ri | 将 Ri 指示的地址中的数送入 A 中 | 1 | 12 | 1 |
| MOV | Rn,direct | 将直接地址 direct 中的数送入 Rn 中 | 2 | 24 | 2 |
| MOV | Rn,#data | 将立即数送入 Rn 中 | 2 | 12 | 1 |
| MOV | Rn,A | 将 A 中的数送入 Rn 中 | 1 | 12 | 1 |
| MOV | direct,Rn | 将 Rn 中的数送入 direct 中 | 2 | 24 | 2 |
| MOV | direct,A | 将 A 中的数送入 direct 中 | 2 | 12 | 1 |
| MOV | direct,@Ri | 将@Ri 指示单元中的数送入 direct 中 | 2 | 24 | 2 |
| MOV | direct,#data | 将立即数送入 direct 中 | 3 | 24 | 2 |
| MOV | direct,direct | 将一个 direct 中的数送入另一个 direct 中 | 3 | 24 | 2 |
| MOV | @Ri,A | 将 A 中的数送入 Ri 指示的地址中 | 1 | 12 | 1 |
| MOV | @Ri,direct | 将 direct 中的数送入 Ri 指示的地址中 | 2 | 24 | 2 |
| MOV | @Ri,#data | 将立即数送入 Ri 指示的地址中 | 2 | 12 | 1 |
| MOV | DPTR,#data16 | 将 16 位立即数直接送入 DPTR 中 | 3 | 24 | 2 |
| PUSH | direct | 将 direct 中的数压入堆栈($R_0$～$R_7$ 除外) | 2 | 24 | 2 |

续表 3.2

| 汇编指令 | | 操作说明 | 代码长度/字节 | 指令周期 | |
|---|---|---|---|---|---|
| | | | | Tosc | Tm |
| POP | direct | 将堆栈中的数弹出到 direct 中 | 2 | 24 | 2 |
| (4) 数据交换指令(共 5 条) | | | | | |
| XCH | A,Rn | A 中的数与 Rn 中的数全交换 | 1 | 12 | 1 |
| XCH | A,direct | A 中的数与 direct 中的数全交换 | 2 | 12 | 1 |
| XCH | A,@Ri | A 中的数与 @Ri 中的数全交换 | 1 | 12 | 1 |
| XCHD | A,@Ri | A 中的数与 @Ri 中的数半交换(低 4 位交换) | 1 | 12 | 1 |
| SWAP | A | A 中数自交换(高 4 位与低 4 位) | 1 | 12 | 1 |

表 3.3　算术运算类指令(共 24 条)

| 汇编指令 | | 操作说明 | 代码长度/字节 | 指令周期 | |
|---|---|---|---|---|---|
| | | | | Tosc | Tm |
| ADD | A,Rn | Rn 中与 A 中的数相加,结果在 A 中,影响 PSW 位的状态 | 1 | 12 | 1 |
| ADD | A,direct | direct 中与 A 中的数相加,结果在 A 中,影响 PSW 位的状态 | 2 | 12 | 1 |
| ADD | A,#data | 立即数与 A 中的数相加,结果在 A 中,影响 PSW 位的状态 | 2 | 12 | 1 |
| ADD | A,@Ri | @Ri 中与 A 中的数相加,结果在 A 中,影响 PSW 位的状态 | 1 | 12 | 1 |
| ADDC | A,Rn | Rn 中与 A 中的数带进位加,结果在 A 中,影响 PSW 位的状态 | 1 | 12 | 1 |
| ADDC | A,direct | direct 中与 A 中的数带进位加,结果在 A 中,影响 PSW 位的状态 | 2 | 12 | 1 |
| ADDC | A,#data | 立即数与 A 中的数带进位加,结果在 A 中,影响 PSW 位的状态 | 2 | 12 | 1 |
| ADDC | A,@Ri | @Ri 中与 A 中的数带进位加,结果在 A 中,影响 PSW 位的状态 | 1 | 12 | 1 |
| SUBB | A,Rn | Rn 中与 A 中的数带借位减,结果在 A 中,影响 PSW 位的状态 | 1 | 12 | 1 |
| SUBB | A,direct | direct 中与 A 中的数带借位减,结果在 A 中,影响 PSW 位的状态 | 2 | 12 | 1 |
| SUBB | A,#data | 立即数与 A 中的数带借位减,结果在 A 中,影响 PSW 位的状态 | 2 | 12 | 1 |
| SUBB | A,@Ri | @Ri 中与 A 中的数带借位减,结果在 A 中,影响 PSW 位的状态 | 1 | 12 | 1 |
| INC | A | A 中的数加 1 | 1 | 12 | 1 |
| INC | Rn | Rn 中的数加 1 | 1 | 12 | 1 |
| INC | direct | direct 中的数加 1 | 2 | 12 | 1 |

| 汇编指令 | | 操作说明 | 代码长度/字节 | 指令周期 | |
|---|---|---|---|---|---|
| | | | | Tosc | Tm |
| INC | @Ri | @Ri 中的数加 1 | 1 | 12 | 1 |
| INC | DPTR | DPTR 中的数加 1 | 1 | 24 | 2 |
| DEC | A | A 中的数减 1 | 1 | 12 | 1 |
| DEC | Rn | Rn 中的数减 1 | 1 | 12 | 1 |
| DEC | direct | direct 中的数减 1 | 2 | 12 | 1 |
| DEC | @Ri | @Ri 中的数减 1 | 1 | 12 | 1 |
| MUL | AB | A、B 中的两无符号数相乘,结果低 8 位在 A 中,高 8 位在 B 中 | 1 | 48 | 4 |
| DIV | AB | A、B 中的两无符号数相除,商在 A 中,余数在 B 中 | 1 | 48 | 4 |
| DA | A | 十进制调整,对 BCD 码十进制加法运算结果调整(不适合减法) | 1 | 12 | 1 |

**表 3.4　逻辑运算类指令(共 24 条)**

| 汇编指令 | | 操作说明 | 代码长度/字节 | 指令周期 | |
|---|---|---|---|---|---|
| | | | | Tosc | Tm |
| ANL | A,Rn | Rn 中与 A 中的数相"与",结果在 A 中 | 1 | 12 | 1 |
| ANL | A,direct | direct 中与 A 中的数相"与",结果在 A 中 | 2 | 12 | 1 |
| ANL | A,#data | 立即数与 A 中的数相"与",结果在 A 中 | 2 | 12 | 1 |
| ANL | A,@Ri | @Ri 中与 A 中的数相"与",结果在 A 中 | 1 | 12 | 1 |
| ANL | direct,A | A 和 direct 中的数进行"与"操作,结果在 direct 中 | 2 | 12 | 1 |
| ANL | direct,#data | 常数和 direct 中的数进行"与"操作,结果在 direct 中 | 3 | 24 | 2 |
| ORL | A,Rn | Rn 中和 A 中的数进行"或"操作,结果在 A 中 | 1 | 12 | 1 |
| ORL | A,direct | direct 中和 A 中的数进行"或"操作,结果在 A 中 | 2 | 12 | 1 |
| ORL | A,#data | 立即数和 A 中的数进行"或"操作,结果在 A 中 | 2 | 12 | 1 |
| ORL | A,@Ri | @Ri 中和 A 中的数进行"或"操作,结果在 A 中 | 1 | 12 | 1 |
| ORL | direct,A | A 中和 direct 中的数进行"或"操作,结果在 direct 中 | 2 | 12 | 1 |
| ORL | direct,#data | 立即数和 direct 中的数进行"或"操作,结果在 direct 中 | 3 | 24 | 2 |
| XRL | A,Rn | Rn 中和 A 中的数进行"异或"操作,结果在 A 中 | 1 | 12 | 1 |

续表 3.4

| 汇编指令 | | 操作说明 | 代码长度/字节 | 指令周期 | |
|---|---|---|---|---|---|
| | | | | Tosc | Tm |
| XRL | A,direct | direct 中与 A 中的数进行"异或"操作,结果在 A 中 | 2 | 12 | 1 |
| XRL | A,#data | 立即数与 A 中的数进行"异或"操作,结果在 A 中 | 2 | 12 | 1 |
| XRL | A,@Ri | @Ri 中与 A 中的数进行"异或"操作,结果在 A 中 | 1 | 12 | 1 |
| XRL | direct,A | A 中与 direct 中的数进行"异或"操作,结果在 direct 中 | 2 | 12 | 1 |
| XRL | direct,#data | 立即数与 direct 中的数进行"异或"操作,结果在 direct 中 | 3 | 24 | 2 |
| RR | A | A 中的数循环右移(移向低位),D0 移入 D7 | 1 | 12 | 1 |
| RRC | A | A 中的数带进位循环右移,D0 移入 C,C 移入 D7 | 1 | 12 | 1 |
| RL | A | A 中的数循环左移(移向高位),D7 移入 D0 | 1 | 12 | 1 |
| RLC | A | A 中的数带进位循环左移,D7 移入 C,C 移入 D0 | 1 | 12 | 1 |
| CLR | A | A 中数清 0 | 1 | 12 | 1 |
| CPL | A | A 中数每位取"反" | 1 | 12 | 1 |

**表 3.5　程序转移类指令(共 17 条)**

| 汇编指令 | | 操作说明 | 代码长度/字节 | 指令周期 | |
|---|---|---|---|---|---|
| | | | | Tosc | Tm |
| (1) 无条件转移类指令(共 9 条) | | | | | |
| LJMP | addr16 | 长转移,程序转到 addr16 指示的地址处 | 3 | 24 | 2 |
| AJMP | addr11 | 短转移,桯序转到 addr11 指示的地址处 | 2 | 24 | 2 |
| SJMP | rel | 相对转移,程序转到 rel 指示的地址处 | 2 | 24 | 2 |
| LCALL | addr16 | 长调用,程序调用 addr16 处的子程序 | 3 | 24 | 2 |
| ACALL | addr11 | 短调用,程序调用 addr11 处的子程序 | 2 | 24 | 2 |
| JMP | @A+DPTR | 程序散转,程序转到 DPTR 为基址,A 为偏移地址处 | 1 | 24 | 2 |
| RETI | | 中断返回 | 1 | 24 | 2 |
| RET | | 子程序返回 | 1 | 24 | 2 |
| NOP | | 空操作 | 1 | 12 | 1 |
| (2) 条件转移类指令(共 8 条) | | | | | |
| JZ | rel | A 中的数为 0,程序转到相对地址 rel 处 | 2 | 24 | 2 |

| 汇编指令 | | 操作说明 | 代码长度/字节 | 指令周期 | |
|---|---|---|---|---|---|
| | | | | Tosc | Tm |
| JNZ | rel | A 中的数不为 0,程序转到相对地址 rel 处 | 2 | 24 | 2 |
| DJNZ | Rn,rel | Rn 中的数减 1 不为 0,程序转到相对地址 rel 处 | 2 | 24 | 2 |
| DJNZ | direct,rel | direct 中的数减 1 不为 0,程序转到相对地址 rel 处 | 3 | 24 | 2 |
| CJNE | A,♯data,rel | ♯data 与 A 中的数不等转至 rel 处。C=1,data>(A);C=0,data≤(A) | 3 | 24 | 2 |
| CJNE | A,direct,rel | direct 与 A 中的数不等转至 rel 处。C=1,data>(A);C=0,data≤(A) | 3 | 24 | 2 |
| CJNE | Rn,♯data,rel | ♯data 与 Rn 中的数不等转至 rel 处。C=1,data>(Rn);C=0,data≤(Rn) | 3 | 24 | 2 |
| CJNE | @Ri,♯data,rel | ♯data 与 @Ri 中的数不等转至 rel 处。C=1,data>((@Ri));C=0,data≤((@Ri)) | 3 | 24 | 2 |

### 表 3.6  布尔指令(共 17 条)

| 汇编指令 | | 操作说明 | 代码长度/字节 | 指令周期 | |
|---|---|---|---|---|---|
| | | | | Tosc | Tm |
| (1) 位操作指令(共 12 条) | | | | | |
| MOV | C,bit | bit 中状态送入 C 中 | 2 | 12 | 1 |
| MOV | bit,C | C 中状态送入 bit 中 | 2 | 24 | 2 |
| ANL | C,bit | bit 中状态与 C 中状态相"与",结果在 C 中 | 2 | 24 | 2 |
| ANL | C,/bit | bit 中状态取"反"与 C 中状态相"与",结果在 C 中 | 2 | 24 | 2 |
| ORL | C,bit | bit 中状态与 C 中状态相"或",结果在 C 中 | 2 | 24 | 2 |
| ORL | C,/bit | bit 中状态取"反"与 C 中状态相"或",结果在 C 中 | 2 | 24 | 2 |
| CLR | C | C 中状态清 0 | 1 | 12 | 1 |
| SETB | C | C 中状态置 1 | 1 | 12 | 1 |
| CPL | C | C 中状态取"反" | 1 | 12 | 1 |
| CLR | bit | bit 中状态清 0 | 2 | 12 | 1 |
| SETB | bit | bit 中状态置 1 | 2 | 12 | 1 |
| CPL | bit | bit 中状态取"反" | 2 | 12 | 1 |
| (2) 位条件转移指令(共 5 条) | | | | | |
| JC | rel | 进位位为 1 时,程序转至 rel | 2 | 24 | 2 |
| JNC | rel | 进位位不为 1 时,程序转至 rel | 2 | 24 | 2 |
| JB | bit,rel | bit 状态为 1 时,程序转至 rel | 3 | 24 | 2 |
| JNB | bit,rel | bit 状态不为 1 时,程序转至 rel | 3 | 24 | 2 |
| JBC | bit,rel | bit 状态为 1 时,程序转至 rel,同时 bit 位清 0 | 3 | 24 | 2 |

# 3.3　指令的应用实例

本节介绍 7 段 LED 数码管显示程序实例。

图 3.10 为一个采用 6 个 7 段 LED 数码管显示的时钟电路，其采用 AT89C2051 单片机最小化应用设计，LED 显示采用动态扫描方式实现，P1 口输出段码数据，P3.0～P3.5 口作扫描输出，P3.7 接按钮开关。为了提供 LED 数码管的驱动电流，用三极管 9012 作电源驱动输出。为了提高秒计时的精确性，采用 12 MHz 晶振。

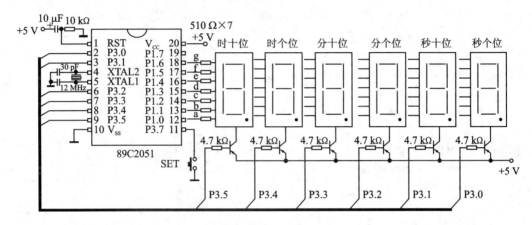

**图 3.10　采用 AT89C2051 的 6 位时钟电路**

数码管显示的数据存放在内存单元 70H～75H 中，其中 70H～71H 存放秒数据，72H～73H 存放分数据，74H～75H 存放时数据，每一地址单元内均为十进制 BCD 码。由于采用软件动态扫描实现数据显示功能，显示用十进制 BCD 码数据的对应段码存放在 ROM 表中。显示时，先取出 70H～75H 某一地址中的数据，然后查得对应的显示用段码从 P1 口输出。P3 口将对应的数码管选中，就能显示该地址单元的数据值。

以下是动态扫描法实现数据显示功能的程序：

```
;;;;;;;;;;;;;;;;;;;;;;;;;;;;;;;;;;;;;;;;
;;          显示程序                ;;
;;;;;;;;;;;;;;;;;;;;;;;;;;;;;;;;;;;;;;;;
;
DISPLAY: MOV    R1,#70H        ;显示数据首址
         MOV    R5,#0FEH       ;扫描端口初值
PLAY:    MOV    A,R5           ;将 R5 中数据移入 A 中
         MOV    P1,#0FFH       ;清原数据
         MOV    P3,A           ;扫描端口赋值
         MOV    A,@R1          ;取显示数据
         MOV    DPTR,#TAB      ;段码表表址放入数据指针
         MOVC   A,@A+DPTR      ;查段码
         MOV    P1,A           ;段码数据放到 P1 口
         LCALL  DL1MS          ;数据显示 1 ms
```

```
            INC     R1                  ;存放显示数据地址加 1
            MOV     A,R5                ;扫描端口值放入 A
            JNB     ACC.5,ENDOUT        ;A 中值为 11011111(B)时结束
            RL      A                   ;A 中数据循环左移一位
            MOV     R5,A                ;A 中数据放回 R5 中
            AJMP    PLAY                ;跳至 PLAY 循环
ENDOUT:     MOV     P3,#0FFH            ;退出时 P3 口复位
            MOV     P1,#0FFH            ;退出时 P1 口复位
            RET                         ;子程序结束
TAB:        DB      0C0H,0F9H,0A4H,0B0H,99H,92H,82H,0F8H,80H,90H,0FFH
;共阳段码表        "0"    "1"    "2"    "3"   "4"   "5"   "6"    "7"    "8"  "9" "熄灭符"
;
;;;;;;;;;;;;;;;;;;;;;;;;;;;;;;;;;;;;;;;;;;
;;           1 ms 延时程序              ;;
;;;;;;;;;;;;;;;;;;;;;;;;;;;;;;;;;;;;;;;;;;
;
DL1MS:      MOV     R6,#14H             ;R6 赋初值 20(十进制)
DL1:        MOV     R7,#19H             ;R7 赋初值 25(十进制)
DL2:        DJNZ    R7,DL2              ;R7 减 1 不为 0 转 DL2
            DJNZ    R6,DL1              ;R6 减 1 不为 0 转 DL1
            RET                         ;子程序结束
```

# 思考与练习

1. 请区别汇编指令、指令代码、指令周期、指令长度。

2. 80C51 指令系统有哪些寻址方式？相应的空间在何处？

3. 片内 RAM 20H～2FH 的 128 个位地址与直接地址 00H～7FH 形式完全相同,如何在指令中区分出位寻址操作和直接地址操作？

4. 什么是源操作数？什么是目的操作数？通常在指令中如何区别？

5. 查表指令是在什么空间上的寻址操作？

6. 80C51 中有 LJMP、LCALL,为何还设置了 AJMP、ACALL？

7. 查表指令中使用了基址加变址的寻址方式,请问 DPTR、PC 分别代表什么地址？

8. 比较"不等转移指令"CJNE 有哪些扩展功能？

# 第4章 单片机汇编语言程序设计基础

## 4.1 汇编语言程序设计的一般格式

### 4.1.1 单片机汇编语言程序设计的基本步骤

单片机汇编语言程序设计的基本步骤如下：

(1) 分析设计任务，确定算法或思路。

(2) 对程序进行总体设计并画出流程图。主程序流程图实例如图 4.1 所示，中断服务程序流程图的实例如图 4.2 所示。

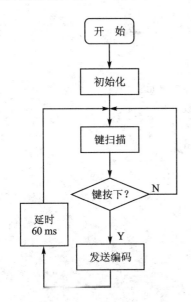

图 4.1 主程序流程图实例

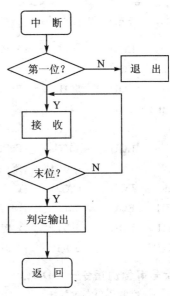

图 4.2 中断服务程序流程图实例

其中各图标的意义如下。

过程框：表示程序要做的事。

判断框：表示条件判断。

开始、结束框：表示流程的开始或终止。

→ 程序流向：箭头所指表示程序的流向。

（3）编写源程序。可在编译软件下编程（如 Wave），要求简练、层次清楚、字节数少和执行时间短等。

（4）汇编与调试源程序（在编译软件中进行）。

（5）编写程序说明文件。

## 4.1.2　汇编语言程序的设计方法

（1）汇编程序的基本结构总是由简单程序、分支程序、循环程序、查表程序、子程序和中断程序等结构化的程序模块有机组成的。

（2）划分功能模块进行设计。

（3）自上而下逐渐求精。

## 4.1.3　常用的伪指令

**1. 标号等值伪指令——EQU**

格式：　名字　EQU　表达式

例如：自行车里程车速计中的定义为

| | | | |
|---|---|---|---|
| VSDA | EQU | P1.5 | ;$E^2$PROM 数据传送口 |
| VSCL | EQU | P1.4 | ;$E^2$PROM 时钟传送口 |
| SLA | EQU | 50H | ;$E^2$PROM 器件寻址字节存放单元 |
| NUMBYT | EQU | 51H | ;$E^2$PROM 传送字节数存放单元 |
| MTD | EQU | 30H | ;$E^2$PROM 发送数据缓冲单元 |
| MRD | EQU | 40H | ;$E^2$PROM 读出数据存放单元 |
| SLAW | EQU | 0A0H | ;$E^2$PROM 寻址字节写 |
| SLAR | EQU | 0A1H | ;$E^2$PROM 寻址字节读 |
| DPHH | EQU | 62H | ;DPTR 计数扩展高 8 位 |
| TH1H | EQU | 6CH | ;定时器 T1 扩展计数单元 |
| TH1HH | EQU | 6DH | ;定时器 T1 扩展计数单元 |

**2. 标号等值伪指令——DL**

格式：　名字　DL　表达式

DL 伪定义可以重复定义。

**3. 数据存储说明伪定义——DB**

格式：　标号　DB　表达式或数据串

例如：

| | | |
|---|---|---|
| TAB: | DB | 00H,14H,45H,0FEH,56H |
| | DB | 89H,0DFH |

**4. 数据伪定义——DW**

格式：　标号　DW　双字节表达式或数据串

例如：

| | | |
|---|---|---|
| TAB: | DW | 0013H,1456H,45DFH,0FE12H,5600H |

**5. 存储区说明伪指令——DS**

格式：　标号　DS　表达式

例如：

BASE：　DS　　　0100H　；从标号 BASE 开始空出 256 个单元

**6. 程序起始地址伪定义——ORG**

用来定义程序的起始地址。

例如：

```
ORG      0000H
LJMP     START
```

**7. 内存命名伪指令——DATA、IDATA、XDATA**

例如：

```
ADR1     DATA     30H
ADR2     IDATA    81H
```

# 4.2　简单结构程序

简单结构程序又叫顺序程序，程序从第一条指令开始一直执行到最后一条，无分支，无循环。

例如：双字节加法程序，其程序如下：

```
;
;被加数在 addr1(低位)和 addr2(高位)中,加数在 addr3(低位)和 addr4(高位)中
;运算结果在 addr1 和 addr2 中
;
ADDR1    EQU      30H
ADDR2    EQU      31H
ADDR3    EQU      32H
ADDR4    EQU      33H
;
ADDST：  PUSH     ACC
         MOV      R0,#addr1
         MOV      R1,#addr3
         MOV      A,@R0
         ADD      A,@R1
         MOV      @R0,A
         INC      R0
         INC      R1
         MOV      A,@R0
         ADDC     A,@R1
         MOV      @R0,A
```

```
              POP       ACC
              RET
```

## 4.3　分支结构程序

**1. 单分支结构程序**

单分支结构程序只有一个入口,两个出口,根据条件的判断选择出口。例如:

```
START:        ACALL     CLEAR          ;调用初始化子程序
STAR1:        MOV       P3,#0FFH       ;置 P3 口为输入状态
              JNB       P3.0,FUN0      ;P3.0 为 0 转 FUN0 执行
              LJMP      FUN1           ;P3.0 为 1 转 FUN1 执行
```

**2. 多分支结构程序**

多分支结构程序指一个入口,多个出口,根据条件选择执行一个程序。例如:键功能散转程序,其程序如下:

```
              MOV       DPTR,#KEYFUNTAB  ;装入键功能标号首址
              JMP       @A+DPTR          ;散转
KEYFUNTAB:LJMP          KEYFUN00         ;跳到 KEYFUN00
              LJMP      KEYFUN01         ;跳到 KEYFUN01
              LJMP      KEYFUN02         ;跳到 KEYFUN02
              ⋮
              RET
```

## 4.4　循环结构程序

循环结构程序用以控制一个程序多次重复执行,当条件满足时退出循环。循环结构程序由初始化、循环处理、判断和结束处理等组成。例如:采用 12 MHz 晶振的 513 $\mu$s 延时程序,其程序如下:

```
              ;
DL513:        MOV       R2,#0FFH
DELAY1:       DJNZ      R2,DELAY1
              RET
```

## 4.5　子程序结构程序

一些经常要用的程序一般设计成子程序,以便供其他程序经常调用。子程序必须具有程序标号,结束必须用 RET 指令,调用时用 LCALL 和 ACALL 等指令。例如:延时程序和显示程序等。

# 4.6　查表程序

查表程序用 MOVC 指令，用于访问（查）程序存储器中的固定数表，如用于七段 LED 数码管显示的程序中就用到了查表指令，其程序如下：

```
;
DISPLAY: MOV    R1,#70H              ;显示数据首址
         MOV    R5,#0FEH             ;扫描端口初值
PLAY:    MOV    A,R5                 ;将 R5 中数据移入 A 中
         MOV    P1,#0FFH             ;清原数据
         MOV    P3,A                 ;扫描端口值
         MOV    A,@R1                ;取显示数据
         MOV    DPTR,#TAB            ;段码表表址放入数据指针
         MOVC   A,@A+DPTR            ;查段码
         MOV    P1,A                 ;段码数据放到 P1 口
         LCALL  DL1MS                ;数据显示 1 ms
         INC    R1                   ;存放显示数据地址加 1
         MOV    A,R5                 ;扫描端口值放入 A
         JNB    ACC.5,ENDOUT         ;A 中值为 11011111(B)时结束
         RL     A                    ;A 中数据循环左移 1 位
         MOV    R5,A                 ;A 中数据放回 R5 中
         AJMP   PLAY                 ;跳至 PLAY 循环
ENDOUT:  MOV    P3,#0FFH             ;退出时 P3 口复回
         MOV    P1,#0FFH             ;退出时 P1 口复回
         RET                         ;子程序结束
TAB:     DB     0C0H,0F9H,0A4H,0B0H,99H,92H,82H,0F8H,80H,90H,0FFH
;共阳段码表         "0"  "1"  "2"  "3" "4" "5" "6"  "7" "8" "9""熄灭符"
```

# 4.7　查键程序

具有按键控制功能的单片机应用系统都有查键功能程序，有简单的顺序查键及复杂的行列式查键。

【例 4-1】　顺序查键程序。

```
START:   MOV    P3,#0FFH             ;置 P3 口为输入口
         JNB    P3.0,FUN0            ;P3.0 口为 0 转 FUN0
         JNB    P3.1,FUN1            ;P3.1 口为 0 转 FUN1
         JNB    P3.2,FUN2            ;P3.2 口为 0 转 FUN2
         JNB    P3.3,FUN3            ;P3.3 口为 0 转 FUN3
         AJMP   START                ;转 START 循环
```

【例 4-2】　32 键行列式查键程序（4×8）。

32键行列式查键电原理图如图4.3所示。

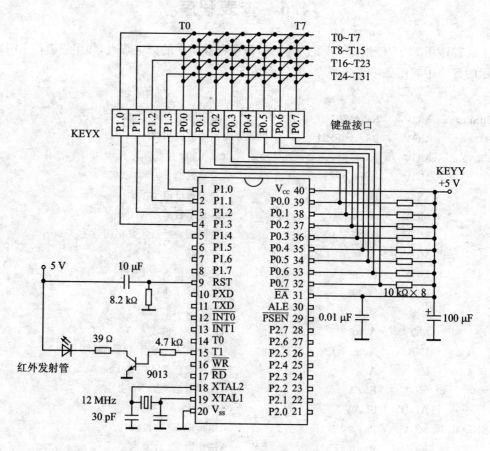

**图 4.3　32 键行列式查键电原理图**

以下是 32 键行列式查键程序(4×8)：

```
;*************************************
;*      键盘工作子程序(4 × 8 阵列)      *
;*         出口为各键工作程序入口         *
;*************************************
KEYWORK:    MOV    KEYY,#0FFH      ;置列线输入
            CLR    KEYX0           ;行线(P1 口)全置 0
            CLR    KEYX1
            CLR    KEYX2
            CLR    KEYX3
            MOV    A,KEYY          ;读入 P0 口值
            MOV    B,A             ;KEYY 口值暂存 B 中
            CJNE   A,#0FFH,KEYHIT  ;不等于#0FFH,转 KEYHIT(有键按下)
KEYOUT:     RET                    ;没有键按下,返回
;
KEYHIT:     LCALL  DL10MS          ;延时去抖动
```

```
            MOV     A,KEYY              ;再读入 P0 口值至 A
            CJNE    A,B,KEYOUT          ;A 不等于 B(是干扰),子程序返回
            SETB    KEYX1               ;有键按下,找键号,开始查 0 行
            SETB    KEYX2
            SETB    KEYX3
            MOV     A,KEYY              ;读入 P0 口值
            CJNE    A,#0FFH,KEYVAL0     ;P0 不等于#0FFH,按下键在第 0 行
            SETB    KEYX0               ;不在第 0 行,开始查 1 行
            CLR     KEYX1
            MOV     A,KEYY              ;读入 P0 口值
            CJNE    A,#0FFH,KEYVAL1     ;P0 口不等于#0FFH,按下键在第 1 行
            SETB    KEYX1               ;不在第 1 行,开始查 2 行
            CLR     KEYX2
            MOV     A,KEYY              ;读入 P0 口值
            CJNE    A,#0FFH,KEYVAL2     ;P0 口不等于#0FFH,按下键在第 2 行
            SETB    KEYX2               ;不在第 2 行,开始查 3 行
            CLR     KEYX3
            MOV     A,KEYY              ;读入 P0 口值
            CJNE    A,#0FFH,KEYVAL3     ;P0 口不等于#0FFH,按下键在第 3 行
            LJMP    KEYOUT              ;不在第 3 行,子程序返回
;
KEYVAL0:    MOV     R2,#00H             ;按下键在第 0 行,R2 赋行号初值 0
            LJMP    KEYVAL4             ;跳到 KEYVAL4
;
KEYVAL1:    MOV     R2,#08H             ;按下键在第 1 行,R2 赋行号初值 8
            LJMP    KEYVAL4             ;跳到 KEYVAL4
;
KEYVAL2:    MOV     R2,#10H             ;按下键在第 2 行,R2 赋行号初值 16
            LJMP    KEYVAL4             ;跳到 KEYVAL4
;
KEYVAL3:    MOV     R2,#18H             ;按下键在第 3 行,R2 赋行号初值 24
            LJMP    KEYVAL4             ;跳到 KEYVAL4
;
KEYVAL4:    MOV     DPTR,#KEYVALTAB     ;键值翻译成连续数字
            MOV     B,A                 ;P0 口值暂存 B 内
            CLR     A                   ;清 A
            MOV     R0,A                ;清 R0
KEYVAL5:    MOV     A,R0                ;查列号开始,R0 数据放入 A
            SUBB    A,#08H              ;A 中数减 8
            JNC     KEYOUT              ;借位 C 为 0,查表出错,返回
            MOV     A,R0                ;查表次数小于 8,继续查
            MOVC    A,@A+DPTR           ;查列号表
            INC     R0                  ;R0 加 1
```

```
            CJNE    A,B,KEYVAL5             ;查得值和 P0 口值不等,转 KEYVAL5 再查
            DEC     R0                      ;查得值和 P0 口值相等,R0 减 1
            MOV     A,R0                    ;放入 A(R0 中数值即为列号值)
            ADD     A,R2                    ;与行号初值相加成为键号值(0~31)
            MOV     B,A                     ;键号乘 3 处理用于 JMP 散转指令
            RL      A                       ;键号乘 3 处理用于 JMP 散转指令
            ADD     A,B                     ;键号乘 3 处理用于 JMP 散转指令
            MOV     DPTR,#KEYFUNTAB         ;取散转功能程序(表)首址
            JMP     @A+DPTR                 ;散转至对应功能程序标号
KEYFUNTAB:  LJMP    KEYFUN00               ;跳到键号 0 对应功能程序标号
            LJMP    KEYFUN01               ;跳到键号 1 对应功能程序标号
            LJMP    KEYFUN02               ;跳到键号 2 对应功能程序标号
            LJMP    KEYFUN03
            LJMP    KEYFUN04
            LJMP    KEYFUN05
            LJMP    KEYFUN06
            LJMP    KEYFUN07
            LJMP    KEYFUN08
            LJMP    KEYFUN09
            LJMP    KEYFUN10
            LJMP    KEYFUN11
            LJMP    KEYFUN12
            LJMP    KEYFUN13
            LJMP    KEYFUN14
            LJMP    KEYFUN15
            LJMP    KEYFUN16
            LJMP    KEYFUN17
            LJMP    KEYFUN18
            LJMP    KEYFUN19
            LJMP    KEYFUN20
            LJMP    KEYFUN21
            LJMP    KEYFUN22
            LJMP    KEYFUN23
            LJMP    KEYFUN24
            LJMP    KEYFUN25
            LJMP    KEYFUN26
            LJMP    KEYFUN27
            LJMP    KEYFUN28
            LJMP    KEYFUN29
            LJMP    KEYFUN30
            LJMP    KEYFUN31
            RET
;P0 口对应列号的 ROM 数值表
```

```
KEYVALTAB:    DB  0FEH,0FDH,0FBH,0F7H,0EFH,0DFH,0BFH,7FH
;                     0    1    2    3    4    5    6    7
              RET
;各按键功能程序
KEYFUN00:     RET                              ;键号 0 功能程序
KEYFUN01:     RET                              ;键号 1 功能程序
KEYFUN02:     RET                              ;键号 2 功能程序
KEYFUN03:     RET
KEYFUN04:     RET
KEYFUN05:     RET
KEYFUN06:     RET
KEYFUN07:     RET
KEYFUN08:     RET
KEYFUN09:     RET
KEYFUN10:     RET
KEYFUN11:     RET
KEYFUN12:     RET
KEYFUN13:     RET
KEYFUN14:     RET
KEYFUN15:     RET
KEYFUN16:     RET
KEYFUN17:     RET
KEYFUN18:     RET
KEYFUN19:     RET
KEYFUN20:     RET
KEYFUN21:     RET
KEYFUN22:     RET
KEYFUN23:     RET
KEYFUN24:     RET
KEYFUN25:     RET
KEYFUN26:     RET
KEYFUN27:     RET
KEYFUN28:     RET
KEYFUN29:     RET
KEYFUN30:     RET
KEYFUN31:     RET
RET
;
```

## 4.8　显示程序

LED 七段数码管显示电路如图 4.4 所示。

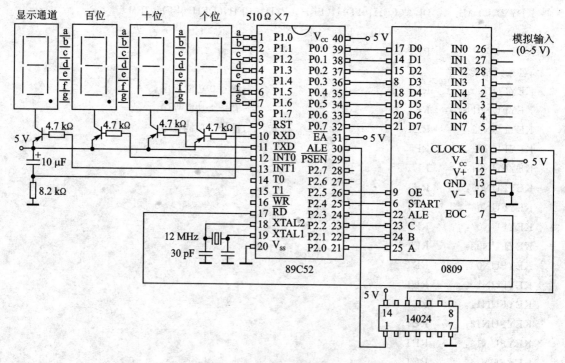

**图 4.4 LED 七段数码管显示电原理图**

LED 七段数码管显示程序采用动态扫描法,先将要显示的数据通过查表得到段码数据,然后放入输出口,再将相应的数码管点亮,依次循环。以下是一个 4 位 LED 共阳数码管显示程序,用 P1 口及 P3 口作显示扫描口,数据在 P1 口输出,列扫描在 P3.0～P3.3 口。

```
;4 位共阳数口码管显示子程序,显示内容在 78H～7BH
DISP:       MOV    R1,#78H           ;取显示数据首址
            MOV    R5,#0FEH          ;扫描用初值
PLAY:       MOV    P1,#0FFH          ;显示关闭
            MOV    A,R5              ;扫描控制值入 A
            ANL    P3,A              ;放入 P3 口
            MOV    A,@R1             ;取显示数据
            MOV    DPTR,#TAB         ;取表首地址
            MOVC   A,@A+DPTR         ;查显示用段码数据
            MOV    P1,A              ;段码数据放入 P1 口
            LCALL  DL1MS             ;显示 1 ms
            INC    R1                ;显示数据地址加 1
            MOV    A,P3              ;读入 P3 端口值至 A
            JNB    ACC.3,ENDOUT      ;P3.3 为 0,结束
            RL     A                 ;P3.3 不为 0,A 中数值左移 1 位
            MOV    R5,A              ;放回 R5 内暂存
            MOV    P3,#0FFH          ;关扫描显示
            AJMP   PLAY              ;跳回 PLAY 循环
ENDOUT:     MOV    P3,#0FFH          ;P3 口置 1,关显示
```

```
              MOV     P1,#0FFH                    ;P1 口置 1,关显示
              RET                                 ;子程序返回
TAB:          DB    0C0H,0F9H,0A4H,0B0H,99H,92H,82H,0F8H,80H,90H,0FFH
                                                  ;共阳段码表
;显示数           "0"  "1"   "2"   "3" "4" "5" "6" "7" "8" "9""熄灭符"
```

# 4.9　小灯控制程序实例

以下是 1 个由 8 个 LED 小灯组成的流水灯演示实例,能通过按键控制亮灯的方式。其汇编源程序如下:

```
;*******************************;
;                 小灯控制程序                 ;
; 以下程序用 3 个按键开关控制 8 个流水灯的亮灯方式 ;
; P1 口接 LED 小灯,低电平时亮                  ;
;*******************************
LAMPOUT     EQU     P1                      ;小灯输出口
KEYSW0      EQU     P3.7                    ;键 0
KEYSW1      EQU     P3.6                    ;键 1
KEYSW2      EQU     P3.5                    ;键 2
KEYSW3      EQU     P3.4                    ;键 3
;*************中断入口程序*************
            ORG     0000H                   ;程序执行开始地址
            LJMP    START                   ;跳至 START 执行
;*************初始化程序*************
CLEAR:      MOV     20H,#00H                ;20H 单元内存清 0(闪烁标志清 0)
            SETB    00H                     ;20H.0 位置 1(上电时自动执行闪烁功能 0)
            RET                             ;子程序返回
;***************主程序***************
START:      ACALL   CLEAR                   ;调用初始化子程序
MAIN:       LCALL   KEYWORK                 ;调用键扫描子程序
            JB      00H,FUN0                ;20H.0 位为 1 时执行 FUN0
            JB      01H,FUN1                ;20H.1 位为 1 时执行 FUN1
            JB      02H,FUN2                ;20H.2 位为 1 时执行 FUN2
            JB      03H,MAIN                ;备用
            AJMP    MAIN                    ;返回主程序 MAIN
;***************功能程序***************
;第 1 种闪烁功能程序
FUN0:       MOV     A,#0FEH                 ;累加器赋初值
FUN00:      MOV     LAMPOUT,A               ;累加器值送至 LAMPOUT 口
            LCALL   DL05S                   ;延时
            JNB     ACC.7,MAIN              ;累加器最高位为 0 时转 MAIN
            RL      A                       ;累加器 A 中数据循环左移 1 位
```

| | AJMP | FUN00 | ;转 FUN00 循环 |
|---|---|---|---|

;第 2 种闪烁功能程序

| | | | |
|---|---|---|---|
| FUN1： | MOV | A,♯0FEH | ;累加器赋初值 |
| FUN11： | MOV | LAMPOUT,A | ;累加器值送至 LAMPOUT 口 |
| | LCALL | DL05S | ;延时 |
| | JZ | MAIN | ;A 为 0 转 MAIN |
| | RL | A | ;累加器 A 中数据循环左移 1 位 |
| | ANL | A,LAMPOUT | ;A 同 LAMPOUT 口值相"与" |
| | AJMP | FUN11 | ;转 FUN11 循环 |

;第 3 种闪烁功能程序

| | | | |
|---|---|---|---|
| FUN2： | MOV | A,♯0AAH | ;累加器赋初值 |
| | MOV | LAMPOUT,A | ;累加器值送至 LAMPOUT 口 |
| | LCALL | DL05S | ;延时 |
| | LCALL | DL05S | ;延时 |
| | CPL | A | ;A 中各位取"反" |
| | MOV | LAMPOUT,A | ;累加器值送至 LAMPOUT 口 |
| | LCALL | DL05S | ;延时 |
| | LCALL | DL05S | ;延时 |
| | AJMP | MAIN | ;转 MAIN |

;＊＊＊＊＊＊＊＊＊＊＊＊＊＊＊＊扫键程序＊＊＊＊＊＊＊＊＊＊＊＊＊＊＊＊

| | | | |
|---|---|---|---|
| KEYWORK： | MOV | P3,♯0FFH | ;置 P3 口为输入状态 |
| | JNB | KEYSW0,KEY0 | ;读 KEYSW0 口,若为 0 转 KEY0 |
| | JNB | KEYSW1,KEY1 | ;读 KEYSW1 口,若为 0 转 KEY1 |
| | JNB | KEYSW2,KEY2 | ;读 KEYSW2 口,若为 0 转 KEY2 |
| | JNB | KEYSW3,KEY3 | ;读 KEYSW3 口,若为 0 转 KEY3 |
| | RET | | ;子程序返回 |

;闪烁功能 0 键处理程序

| | | | |
|---|---|---|---|
| KEY0： | LCALL | DL10MS | ;延时 10 ms 消抖 |
| | JB | KEYSW0,OUT0 | ;KEYSW0 为 1,子程序返回(干扰) |
| | SETB | 00H | ;20H.0 位置 1(执行闪烁功能 1 标志) |
| | CLR | 01H | ;20H.1 位清 0 |
| | CLR | 02H | ;20H.2 位清 0 |
| | CLR | 03H | ;20H.3 位清 0 |
| WAIT0： | JNB | KEYSW0,WAIT0 | ;等待按键释放 |
| | LCALL | DL10MS | ;延时 10 ms 消抖 |
| | JNB | KEYSW0,WAIT0 | |
| OUT0： | RET | | ;子程序返回 |

;闪烁功能 1 键处理程序

| | | | |
|---|---|---|---|
| KEY1： | LCALL | DL10MS | |
| | JB | KEYSW1,OUT1 | |
| | SETB | 01H | ;20H.1 位置 1(执行闪烁功能 2 标志) |
| | CLR | 00H | |
| | CLR | 02H | |

```
            CLR       03H
WAIT1：     JNB       KEYSW1,WAIT1        ;等待按键释放
            LCALL     DL10MS             ;延时 10 ms 消抖
            JNB       KEYSW1,WAIT1
OUT1：      RET
;闪烁功能 2 键处理程序
KEY2：      LCALL     DL10MS
            JB        KEYSW2,OUT2
            SETB      02H                ;20H.2 位置 1(执行闪烁功能 3 标志)
            CLR       01H
            CLR       00H
            CLR       03H
WAIT2：     JNB       KEYSW2,WAIT2        ;等待按键释放
            LCALL     DL10MS             ;延时 10 ms 消抖
            JNB       KEYSW2,WAIT2
OUT2：      RET
;闪烁功能(备用)键处理程序
KEY3：      LCALL     DL10MS
            JB        KEYSW3,OUT3
            SETB      03H                ;20H.3 位置 1(执行备用闪烁功能标志)
            CLR       01H
            CLR       02H
            CLR       00H
WAIT3：     JNB       KEYSW3,WAIT3        ;等待按键释放
            LCALL     DL10MS             ;延时 10 ms 消抖
            JNB       KEYSW3,WAIT3
OUT3：      RET
;****************延时程序****************
;0.5 ms 延时子程序,执行一次时间为 513 μs
DL512：     MOV       R2,♯0FFH
LOOP1：     DJNZ      R2,LOOP1
            RET
;10 ms 延时子程序(调用 20 次 0.5 ms 延时子程序)
DL10MS：    MOV       R3,♯14H
LOOP2：     LCALL     DL512
            DJNZ      R3,LOOP2
            RET
;延时子程序,改变 R4 寄存器初值可改变闪烁的快慢(时间为(15×25) ms)
DL05S：     MOV       R4,♯0FH
LOOP3：     LCALL     DL25MS
            DJNZ      R4,LOOP3
            RET
;25 ms 延时子程序,用调用扫键子程序延时,可快速读出功能按键值
```

```
DL25MS：   MOV     R5,＃0FFH
LOOP4：    LCALL   KEYWORK
           DJNZ    R5,LOOP4
           RET
           END                        ;程序结束
```

# 思考与练习

1. 简述单片机程序设计的基本步骤。

2. 阅读"双字节加法程序"并给程序加上注释。

3. 试写一个延时时间为 515 $\mu$s 的延时用子程序(设晶振频率为 12 MHz)。

4. 在"32 键行列式查键程序"例子中为什么键号值在执行散转指令前要进行乘 3 处理?

# 第5章 单片机C语言程序设计

## 5.1 单片机C程序设计的一般格式

### 5.1.1 单片机C语言编程的步骤

单片机C程序设计的步骤一般如下：

(1) 分析设计任务，确定算法，画出编程算法的流程图。

(2) 使用通用的文字编辑软件，如 EDIT、WORD 等编写 C 源程序；也可在支持 C 语言的编译器(如 Keil C51 编译器)上直接编写。

(3) 在 C 编译器上进行调试及编译，编译后可生成后缀名为 HEX 的十六进制目标程序文件。

(4) 用编程器将目标程序文件写入单片机。

### 5.1.2 单片机C程序的几个基本概念

#### 1. 函 数

C 程序由一个主函数和若干个其他函数所构成，程序中由主函数调用其他函数，其他函数也可以互相调用。其他函数又可分为标准函数和用户自定义函数。如果在程序中要使用标准函数，就要在程序开头写上一条文件包含处理命令，如 ♯include "math.h"，在编译时将读入一个包含该标准函数的头文件。如果在程序中要建立一个自定义函数，则需对函数进行定义。根据定义形式可将函数分为无参数函数和有参数函数。

(1) 无参数函数的定义形式

类型标识符 函数名()

{函数体}

类型标识符用来指定函数返回值的类型。如果函数不带返回值，一般写 void，以说明函数为无返回值函数。例如：定义一个延时函数名为 delay，函数体为_nop_()的函数，其定义形式为

```
void delay()
{
_nop_();                    //空操作函数,相当于汇编中的 nop
}
```

函数的参数可以不止一个，相互之间用","隔开。

(2) 有参数函数的定义形式

类型标识符 函数名(形式参数列表及参数说明)

{函数体}

例如，一个 ms 级的有参数延时函数的定义形式为

delay1ms(int t)　　　　　　　　//参数变量 t 为整型

{

int i,j;

for(i=0;i<t;i++)

　　for(j=0;j<120;j++)

　　；

}

（3）空函数的定义形式

类型说明符　函数名（）

{}

调用空函数时，什么工作也不做，等以后需要扩充函数时，可以在函数体位置填写程序。

**2. 指针与指针变量**

一个变量具有一个变量名，对它赋值后就有一个变量值，变量名和变量值是两个不同的概念。变量名对应于内存单元的地址，表示变量在内存中的位置；而变量值则是放在内存单元中的数据，也就是内存单元的内容。变量名对应于地址，变量值对应于内容，应加以区别。

例如，定义一个整形变量 int x，编译器就会分配两个存储单元给 x。如果给变量赋值，令 x 为 30，这个值就会放入对应的存储单元中。虽然这个地址是由编译器分配，我们无法事先确定，但可以用取地址运算符 & 取出变量 x 的地址，例如取 x 变量的地址用 &x。

&x 就是变量 x 的指针，指针是由编译器分配，而不是由程序指定的，但指针值可以用 &x 取出。

如果把指针（地址值）也作为一个变量，并定义一个指针变量 xp，那么编译器就会另外开辟一个存储单元，用于存放指针变量。这个指针变量实际上成了指针的指针，例如定义：

int * xp

通过语句"xp=&x"把变量 x 的地址值存于指针变量 xp 中。现在访问变量 x 有两种方法：一种是直接访问；另一种是用指针间接访问：* xp。

"int * xp"中的" * "与" * xp"中的" * "所代表的意义不同，"int * xp"中的" * "是对指针变量定义时作为类型说明；而" * xp"中的" * "是运算符，表示由 xp 所指示的内存单元中取出变量值。

单片机 C51 中的指针根据指向的存储空间不同而长度不同，data/idata/pdata 为 1 字节；code/xdata 为 2 字节；如果未指定指向存储空间，即定义为通用指针，长度为 3 字节。

**3. 文件包含处理命令 # include**

文件的包含处理命令，是指一个源文件将另外一个源文件的全部内容包含进来，或者说是把一个外部文件包含到本文件之中。这种文件包含处理的命令格式为

# include"文件名"

或者用

#include ＜文件名＞

通常被包含的文件多为头文件,即以 h 为后缀的文件,如 reg52. h、intrins. h 和 stdio. h 等。

在单片机 C51 程序的开头,一般需根据所选用的芯片,包含相应的头文件,如 # include "reg51. h"。

**4. 宏定义**

在 C 程序中,可以指定一个标志符去定义一个常量或字符串。例如:

#define P 568

在 C 程序中,一般常量和字符串定义用大写,而变量定义用小写。宏定义还可以进行参数替换。例如:

#define m(x,y) x * y

这里的"m(x,y)"被定义为"x * y"的宏名。编译中,在程序中出现"m(x,y)"的地方,可以用"x * y"替换,这样可使程序更简洁。

# 5.1.3　单片机 C 程序的基本结构

单片机 C 程序的基本结构说明如下:

(1) C 程序由一个主函数和若干子函数组成,其中主函数的名字必须为 main()。C 程序通过函数调用去执行指定的工作。函数调用类似于汇编语言中的子程序调用。被调用的函数可以是系统提供的库函数,也可以是用户自行定义的功能函数。

(2) 一个函数由说明部分和函数体两部分组成。函数说明部分是对函数名、函数类型、形参名和形参类型等所做的说明。例如:

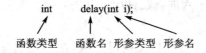

函数类型　　函数名　形参类型　形参名

(3) C 程序的执行总是从 main() 函数开始,单片机 C51 程序的主函数一般没有返回值,故定义为

void main(void)

而对 main() 函数的位置无特殊规定,main() 函数可放在程序的开头、最后或其他函数的前后。

(4) 源程序文件需要包含其他源程序文件时,应在本程序文件头部用包含命令 # include 进行"文件包含"处理,其格式为

# include "reg51. h"

或者写成

# include ＜reg52. h＞

一条 #include 命令只能指定包含一个文件,每行规定只能写一条包含命令。

(5) C 程序中的一个函数需调用另一个子函数时,另一个子函数应写在前面。当另一个子函数放在本函数后面时,应在本函数开始前说明。

（6）C 程序书写格式自由，一行可写一个语句或几个语句，每个语句的结尾处须用";"符号。

# 5.2  单片机 C 程序的数据类型

C 语言中数据有常量和变量之分，常量和变量都有多种类型，各种类型占有不同的存储字节长度。因此在 C 程序中使用常量、变量和函数时，都必须先说明它的类型，这样编译器才能为它们分配存储单元。

## 5.2.1  常量和符号常量

在程序运行中其值不会改变的量称为常量。常量可以用一个标识符来代表，称为符号常量。例如可以用宏定义一个符号常量 PARL，其值为 3.141 59：

```
#define   PARL   3.14159
```

符号常量被定义后，凡在此程序中有 PARL 的地方，都代表常量 3.141 59。符号常量的值不能改变，也不能再被赋值。一般符号常量用大写字母，变量用小写字母。

常量通常分为以下几种类型。

**1. 整型常量**

整型常量就是整型常数，在 C 语言中可以用十进制、八进制和十六进制 3 种形式表示。例如：

11、−45、0 等　　　　（十进制数）；

011、056 等　　　　　（八进制数，以 0 开头）；

0x11、0x55、0x00 等　（十六进制数，以 0x 开头）。

**2. 实型常量**

实型常量就是实型常数，实型常数又叫浮点数，在 C 语言中可以用小数和指数两种形式表示。例如：

0.12、56.36、15.00 等（十进制实型常数）；

1.55e5、5.99e2 等（指数型式的实型常数，表示 $1.55 \times 10^5$、$5.99 \times 10^2$）。

**3. 字符常量**

在 C 语言中字符常量是指用单引号括起来的单个字符。例如'a'、'b'、'?'和'A'等都是字符常量，应注意在 C 语言中'a'和'A'是不同的字符常量。

**4. 字符串常量**

在 C 语言中还有另一种字符数据称为字符串。字符串常量与字符常量不同，它是由一对双引号括起来的字符序列。例如"You are man."、"CHINA"和"15.68"等都是字符串常量。字符常量和字符串常量二者不同，不能混用。例如'a'和"a"在内存中，'a'占 1 字节，而"a"占 2 字节。

## 5.2.2  变　量

凡数值可改变的量称为变量。变量由变量名和变量值构成。在 C 语言中规定变量名只能由字母、数字和下划线组成,且不能用数字打头。变量可分成 6 种类型,如表 5.1 所列。

其中位变量 bit 不能建立数组,不能定义为指针,也不能作为函数的参数和返回值。sbit/sfr/sfr16 用于定义特殊功能寄存器,只能直接寻址。

**表 5.1  变量类型表**

| 变量类型 | 定义符 | 说　明 | 定义符 | 数据长度 | 值域范围 |
|---|---|---|---|---|---|
| 位变量 | bit | | | 1 位 | 0,1 |
| | sbit | | | 1 位 | 0,1 |
| 字符变量 | char | 有符号 | signed char | 8 位 | $-128\sim+127$ |
| | | 无符号 | unsigned char | 8 位 | $0\sim225$ |
| 整数型变量 | int | 有符号 | signed int | 16 位 | $-32\,768\sim+32\,767$ |
| | | 无符号 | unsigned int | 16 位 | $0\sim65\,535$ |
| 长整数型变量 | long int | 有符号 | signed long | 32 位 | $-2^{31}\sim2^{31}-1$ |
| | | 无符号 | unsigned long | 32 位 | $0\sim2^{31}-1$ |
| 实数型变量 | float | 单精度 | | 32 位 | $|3.4e-38|\sim|3.4e+38|$ |
| 寄存器变量 | sfr | | | 8 位 | $0\sim255$ |
| | sfr16 | | | 16 位 | $0\sim65\,535$ |

单片机 C51 语言不支持双精度变量,但保留的关键字"double"在编译时被解释为单精度变量。

变量在程序使用中必须进行详细的定义,例如定义两个变量 i 和 j 为无符号整型变量:

unsigned int i,j;

定义两个变量 x 和 y 为字符变量:

char x,y;

几个变量在定义时可以分别分几行定义,也可合并成一句定义,在定义时可赋初始值,例如:

int i=0,k=1,m;

也可以分 3 句写,例如:

int i=0;

int k=1;

int m;

## 5.3  单片机 C 程序的运算符和表达式

在单片机 C 语言编程中,通常用到 30 个运算符,如表 5.2 所列。其中算术运算符 13 个,关系运算符 6 个,逻辑运算符 3 个,位操作运算符 7 个,指针运算符 1 个。

在 C 语言中,运算符具有优先级和结合性。

表 5.2　单片机 C 语言常用运算符

| 运算符 | | 范　例 | 说　明 |
|---|---|---|---|
| 算术运算 | ＋ | a＋b | a 变量值和 b 变量值相加 |
| | － | a－b | a 变量值和 b 变量值相减 |
| | ＊ | a＊b | a 变量值乘以 b 变量值 |
| | ／ | a/b | a 变量值除以 b 变量值 |
| | ％ | a％b | 取 a 变量值除以 b 变量值的余数 |
| | ＝ | a＝5 | a 变量赋值，即 a 变量值等于 5 |
| | ＋＝ | a＋＝b | 等同于 a＝a＋b，将 a 和 b 相加的结果存回 a |
| | －＝ | a－＝b | 等同于 a＝a－b，将 a 和 b 相减的结果存回 a |
| | ＊＝ | a＊＝b | 等同于 a＝a＊b，将 a 和 b 相乘的结果存回 a |
| | ／＝ | a/＝b | 等同于 a＝a/b，将 a 和 b 相除的结果存回 a |
| | ％＝ | a％＝b | 等同于 a＝a％b，将 a 和 b 相除的余数存回 a |
| | ＋＋ | a＋＋ | a 的值加 1，等同于 a＝a＋1 |
| | －－ | a－－ | a 的值减 1，等同于 a＝a－1 |
| 关系运算 | ＞ | a＞b | 测试 a 是否大于 b |
| | ＜ | a＜b | 测试 a 是否小于 b |
| | ＝＝ | a＝＝b | 测试 a 是否等于 b |
| | ＞＝ | a＞＝b | 测试 a 是否大于或等于 b |
| | ＜＝ | a＜＝b | 测试 a 是否小于或等于 b |
| | ！＝ | a！＝b | 测试 a 是否不等于 b |
| 逻辑运算 | ＆＆ | a＆＆b | a 和 b 进行逻辑"与"（AND）运算，2 个变量都为"真"时结果才为"真" |
| | ‖ | a‖b | a 和 b 进行逻辑"或"（OR）运算，只要有 1 个变量为"真"，结果就为"真" |
| | ！ | ！a | 将 a 变量的值取"反"，即原来为"真"则变为"假"，原为"假"则为"真" |
| 位操作运算 | ＞＞ | a＞＞b | 将 a 按位右移 b 个位，高位补 0 |
| | ＜＜ | a＜＜b | 将 a 按位左移 b 个位，低位补 0 |
| | ｜ | a｜b | a 和 b 按位进行"或"运算 |
| | ＆ | a＆b | a 和 b 按位进行"与"运算 |
| | ＾ | a＾b | a 和 b 按位进行"异或"运算 |
| | ～ | ～a | 将 a 的每一位取"反" |
| | ＆ | a＝＆b | 将变量 b 的地址存入 a 寄存器 |
| 指针运算 | ＊ | ＊a | 用来取 a 所指地址内的值 |

　　算术运算符优先级规定为：先乘/除模（模运算又叫求余运算），后加/减，括号最优先；结合性规定为：自左至右，即运算对象两侧的算术符优先级相同时，先与左边的运算符号结合。

关系运算符的优先级规定为：＞、＜、＞＝、＜＝ 四种运算符优先级相同，＝＝、！＝两种运算符优先级相同，但前四种优先级高于后两种。关系运算符的优先级低于算术运算符，高于赋值（＝）运算符。

逻辑运算符的优先级次序为：！、＆＆、‖。

当表达式中出现不同类型的运算符时，非（！）运算符优先级最高，算术运算符次之，关系运算符再次之，其次是 ＆＆ 和‖，最低为赋值运算符。

位操作的对象只能是整型或字符数据型。

# 5.4 单片机C程序的一般语法结构

## 5.4.1 顺序结构

顺序结构是指程序按语句的先后次序逐句执行的一种结构，这是最简单的语法结构。例如：

```
main()
{
    P0=0xFF;              //初始化端口
    P2=0x00;
    P1=0xFF;
    P3=0xFF;
    scan();               //调用显示子函数
    test();               //调用测量子函数
}
```

## 5.4.2 分支结构

分支结构可分为单分支、双分支和多分支3种。C程序中提供了3种条件转移语句，分别为 if、if-else 和 switch 语句。

**1. 单分支转移语句**

单分支转移语句的格式为

if(条件表达式){执行语句；}

当执行语句只有一句时，可以省去{}。if语句的执行步骤是：先判断条件表达式是否成立，若成立（为"真"）则执行{}中的语句；否则执行后面的程序语句。if语句单分支流程图如图5.1所示。

**2. 双分支转移语句**

双分支转移语句的格式为

if （条件表达式){语句1；}
else  {语句2；}

if-else语句的执行步骤是：先判断条件表达式是否成立，若成立（为"真"）则执行语句1；否则执行语句2，然后继续执行后面的语句。if-else语句双分支流程图如图5.2所示。

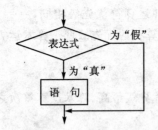
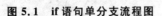

图 5.1　if 语句单分支流程图

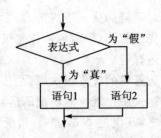

图 5.2　if-else 语句双分支流程图

if-else 中的 else 不能单独使用,应与 if 配对。双分支语句在使用中可以嵌套而实现多分支结构,其格式为

if(表达式 1)语句 1;

else if(表达式 2)语句 2;

⋮

else if(表达式 n)语句 n;

else 语句 n+1;

这种语句的执行步骤是:先判断条件表达式 1 是否成立,若成立(为"真")则执行语句 1,否则判断条件表达式 2 是否成立;若成立(为"真")则执行语句 2,否则判断条件表达式 n 是否成立;若成立(为"真")则执行语句 n;若所有条件都不符则执行语句 n+1。if-else 嵌套实现多分支程序流程图如图 5.3 所示。

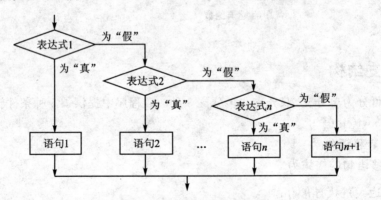

图 5.3　if-else 语句嵌套实现多分支程序流程图

### 3. 多分支转移语句

多分支转移语句的格式为

switch(条件表达式)

{

case　常量表达式 1:{语句 1;break;}

case　常量表达式 2:{语句 2;break;}

⋮

case　常量表达式 n:{语句 n;break;}

default:{语句 $n+1$;break;}

}

switch 语句的执行步骤是:当条件表达式的值同 case 后面的某一常量表达式相同时,则执行相应的语句;若都不相同,则执行 default 后面的语句。case 后面的常量表达式必须互不相同;否则会出现程序的混乱。case 后面的 break 不能漏写,若没有 break 语句,在执行完本语句功能后,程序将继续执行下一句 case 的语句功能。switch 多分支程序执行流程图如图 5.4 所示。

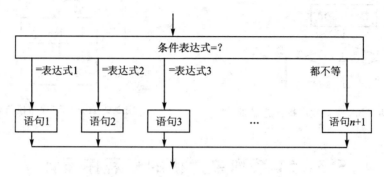

**图 5.4　switch 多分支程序执行流程图**

## 5.4.3　循环结构

循环结构有 while、do-while 和 for 语句。

**1. while 语句**

while 语句的一般格式为

while(表达式){循环体语句;}

while 语句的执行步骤是:先判断 while 后的表达式是否成立,若成立(为"真")则重复执行循环体语句,直到表达式不成立时退出循环。while 循环程序执行流程图如图 5.5 所示。

**2. do-while 语句**

do-while 语句的一般格式为

do{循环体语句;}

while(表达式);

do-while 语句的执行步骤是:先执行循环体语句,然后判断表达式是否成立,若成立(为"真")则重复执行循环体语句,直到表达式不成立时退出循环。do-while 循环程序执行流程图如图 5.6 所示。

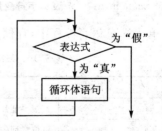

**图 5.5　while 循环程序执行流程图**

**3. for 语句**

for 语句的一般格式为

for(表达式 1;表达式 2;表达式 3){循环体语句;}

for 语句的执行步骤是:先求表达式 1 的值并作为变量的初值,再判断表达式 2 是否满足条件,若为"真"则执行循环体语句,最后执行表达式 3 对变量进行修正,再判断表达式 2 是否满足条件,直到表达式 2 的条件不满足时退出循环。for 循环程序执行流程图如图 5.7 所示。

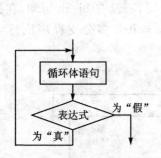

图 5.6　do-while 循环程序执行流程图

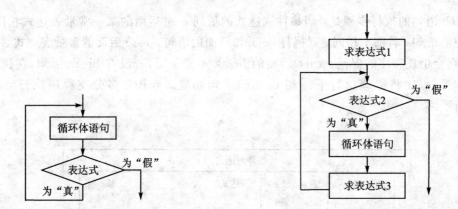

图 5.7　for 循环程序执行流程图

# 5.5　51 系列单片机的 C 程序设计

通常用 C 语言编写的程序都能在普通的 C 编译器上编译,所生成的可执行程序也都能在 PC 机上运行,但不一定能在单片机上执行。用在单片机上的 C 程序在编程时应注意以下几个问题。

(1) C 语言在调用标准库函数时,总是在程序开头用文件包含命令 ♯include,由于不同的编译器所用的头文件可能不同,因此应注意头文件的名称,程序中使用的名称要与编译器规定的名称相符合。

(2) 在单片机中,一个变量可以放在片内存储单元,也可以放在片外存储单元,而且片内存储单元还要区分是否可位寻址,或者放在间接寻址区。因此在单片机用 C 语言编程时,除了要定义变量的数据类型外,还要定义它的存储类型。例如:

```
int data x,y;       //表示整型变量指定在片内数据存储区
char xdata m,n;     //表示字符变量指定在片外数据存储区
```

在单片机 C 语言编程中,存储类型与 51 系列存储空间的对应关系如表 5.3 所列。

表 5.3　C51 存储类型与 51 系列存储空间的对应关系

| 存储类型标识符 | 与存储空间的对应关系 |
| --- | --- |
| data | 直接寻址片内数据存储区,共 128 字节,00H～7FH |
| bdata | 可位寻址的片内数据存储区,共 16 字节,20H～2FH |
| idata | 间接寻址片内数据存储区,共 128 字节,80H～FFH |
| pdata | 分页寻址片外数据存储区,共 256 字节,00H～FFH |
| xdata | 片外数据存储区,共 64 KB,0000H～FFFFH |
| code | 代码存储区,共 64 KB,0000H～FFFFH |

（3）51 系列单片机有 21 个特殊功能寄存器（SFR），对它的操作只能采用直接寻址方式。在 C51 编译器中专门提供了一种定义方式，采用 sfr 和 sbit，其中 sbit 可以访问可位寻址对象。例如：

```
sfr TMOD＝0x89；
sfr PSW＝0xD0；
sbit CY＝PSW^7；
```

sfr 之后的寄存器名称一般采用大写，定义之后可直接对这些寄存器赋值。

对于片外扩充的接口，可以根据硬件地址用＃define 语句进行定义。例如：

```
＃define PORT XBYTE［0xffc0］
```

（4）用 C51 编译器编译源程序时，数据类型和存储类型都是可以预先定义的，但数据具体放在哪一个单元则由编译器决定，不必由用户指定。

（5）单片机 C 语言中断程序与汇编语言不同，在单片机 C 语言编程中，中断过程通过使用 interrupt 关键字和中断号（0～31）来实现。中断号告诉编译器中断程序的入口地址并对应 IE 寄存器中的使能位；换句话说，IE 寄存器中的 0 位对应外部中断 0，相应的外部中断 0 的中断号是 0。表 5.4 为 C 语言中断程序中的中断号与单片机中断源的对应关系。

表 5.4　C 语言中断程序中的中断号与单片机中断源的对应关系

| C 语言中断程序中的中断号 | 对应单片机中的中断源 |
| --- | --- |
| 0 | 外部中断 0 |
| 1 | 定时器 0 溢出中断 |
| 2 | 外部中断 1 |
| 3 | 定时器 1 溢出中断 |
| 4 | 串行口中断 |
| 5 | 定时器 2 溢出中断 |

中断程序没有返回值，编程者不需要担心寄存器组参数的使用和对累加器、状态寄存器、B 寄存器、数据指针及默认的寄存器的保护，只要它们在中断程序中被用到，编译的时候会把它们入栈，在中断程序结束时将它们恢复。中断程序的入口地址被编译器放在中断向量中，C51 支持所有 6 个 8052（8051）标准中断，从 0～5 和其他 8051 系列中多达 27 个中断源。例如一个定时器 0 的溢出中断程序编写格式如下：

```
void timcr0(void) interrupt 1      //timer0(void)为中断函数名
{
TR0＝0；                            //关定时器 0
TH0＝RELOADVALH；                   //重装初值
TL0＝RELOADVALL；
TR0＝1；                            //启动 T0
tick_count＋＋；                    //中断次数计数器加 1
}
```

## 5.6　KEIL μVISION2 软件使用起步

首先运行 KEIL μVISION2 软件，其主界面如图 5.8 所示。

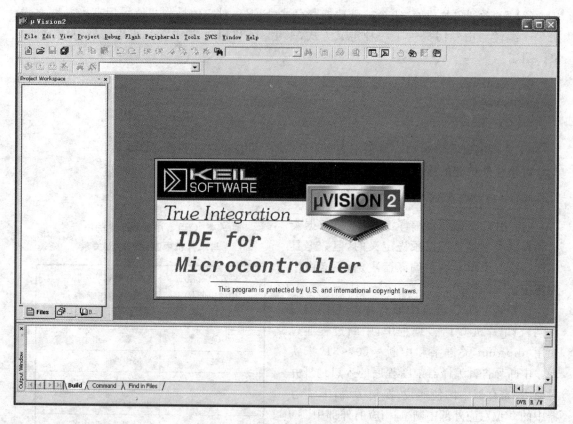

图 5.8　KEIL μVISION2 软件主界面

接着按下面的步骤建立用户的第 1 个项目：

（1）在 Project 菜单中选择 New Project，如图 5.9 所示。接着弹出一个对话框，如图 5.10 所示，在"文件名"中输入用户的第 1 个 C 程序项目名称，只要符合 Windows 文件规则的文件

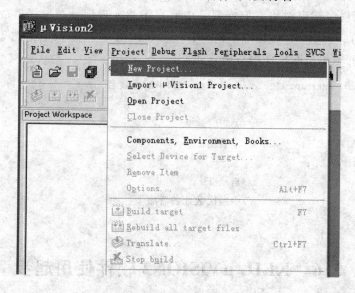

图 5.9　New Project 菜单

名都行。"保存"后的文件扩展名为*uv2，这是 KEIL μVISON2 项目文件扩展名，以后就可以直接单击此文件，以打开先前做的项目。

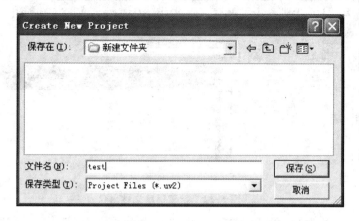

**图 5.10　Create New Project 对话框**

（2）选择所要的单片机，比如选择常用的 Atmel 公司的 AT89C51，如图 5.11 所示。

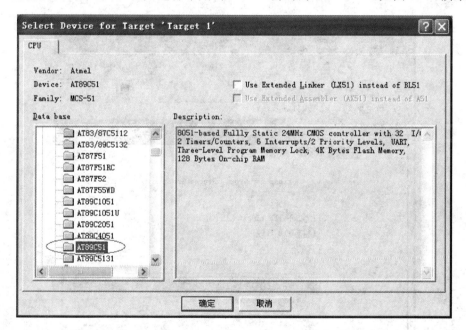

**图 5.11　选取芯片**

（3）然后在项目中创建新的程序文件或加入旧程序文件。如果没有现成的程序，那么就要新建一个程序文件。单击图 5.12 中的"新建文件"图标按钮，出现一个新的文字编辑窗口，光标出现在该文本编辑窗口中，可以输入程序。

（4）单击图 5.12 中的"保存"图标按钮，保存新建的程序。因为是新文件，所以保存时会弹出类似图 5.10 所示的对话框。我们把第 1 个程序命名为 test1.c，保存在项目所在的目录中，这时就会发现程序单词有了不同的颜色，说明 KEIL 的 C 语法检查生效了。如图 5.13 所示，在窗口左边的 Source Group 1 文件夹图标上右击，弹出下拉式菜单，在这里可以对项目进行增加或减少文件等操作。这里选"Add Files to Group 'Source Group 1'"选项，在弹出的对

**图 5.12　新建程序文件**

话框中选择刚刚保存的文件,单击 ADD 按钮,关闭对话框,这样程序文件就加到项目中了。这时,在 Source Group1 文件夹图标左边出现一个小"+"号,说明文件组中有了文件,单击它可以展开查看。

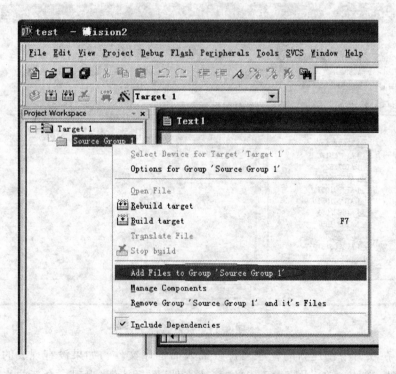

**图 5.13　把文件加入到项目文件组中**

(5) 在编译之前先设置项目输出 HEX 目标文件,单击图 5.13 中的"目标选项"图标按钮,弹出图 5.14 所示的对话框,将 Create HEX File 复选框勾选,然后单击"确定"按钮,再单击图 5.15 中圆圈内所示的编译按钮,即可完成编译链接。

【例 5 - 1】　设计一个闪烁小灯控制用 C 程序,可使小灯轮流点亮、逐点点亮、间隔闪亮。闪烁小灯电路原理图如图 5.16 所示。

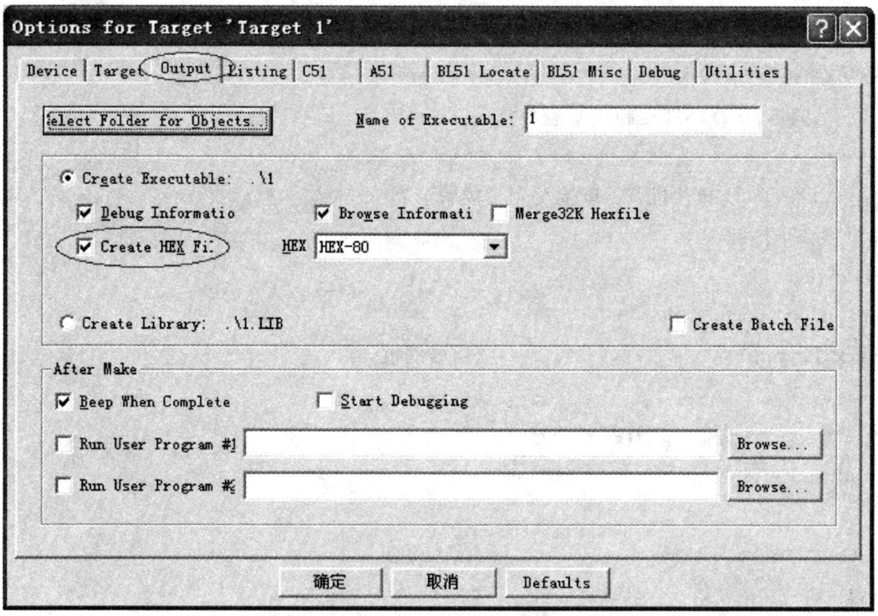

**图 5.14　设置输出 HEX 文件**

**图 5.15　编译按钮**

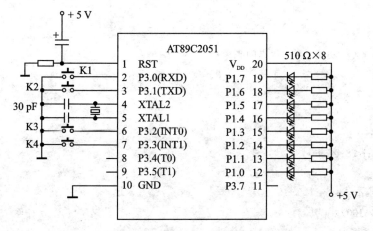

**图 5.16　闪烁小灯电路原理图**

以下是闪烁 LED 小灯控制用 C 程序清单：

```
// *******************************//
//           闪烁 LED 小灯控制用 C 程序              //
// *******************************//
// 使用 AT89C2051 单片机，P1 口接发光二极管
// P3 口接 3 个按键
#include"reg51. h"                        //头文件
#define uchar unsigned char
uchar key,keytmp;                         //扫描键值
//
// **********按键扫描函数**********//
void scan()
  {
  key=(~P3)&0x0f;                         //读入键值
  if(key!=0)
   {
   while(((~P3)&0x0f)!=0);                //等待按键释放
   keytmp=key;                            //键值存放
   }
  }
//
// **********延时函数**********//
void delay(int t)
{
int k,j;
for(k=0;k<t;k++)
for(j=0;j<100;j++)
scan();
}
//
// **********功能函数：逐点闪亮**********//
fun0()
  {
  int i,s;
  s=0xfe;
  for(i=0;i<8;i++)
   {
   P1=s;
   delay(100);
   s=s<<1;
   s=s|0x01;
```

```
        }
    }
//
// ***********功能函数：依次点亮***********//
fun1()
{
    int i,s;
    s=0xfe;
    for(i=0;i<8;i++)
      {
      P1=s;
      delay(100);
      s=s<<1;
      }
}
//
// ***********功能函数：交叉闪亮***********//
fun2()
{
    int i,s;
    s=0x55;
    for(i=0;i<2;i++)
      {
      P1=s;
      delay(100);
      s=~s;
      }
}
//
// **********************************//
//                    主函数                    //
// **********************************//
main()
{
keytmp=1;                          //上电自动演示功能(逐点闪亮)
P3=0xff;                           //初始值,读入状态
while(1)
 {
  switch(keytmp)
    {
    case 1:{fun0();break;}
    case 2:{fun1();break;}
```

```
case 4:{fun2();break;}
case 8:{scan();P1=0xff;break;}     //暂停
default:{break;}
}
}
}
//
// **************结束******************//
```

# 思考与练习

1. 试用 C 语言编写一个延时子程序。
2. 试用 C 语言编写一个能输出方波信号的单片机程序。
3. 试用 C 语言编写一个"三按钮"的查键子程序。

# 第6章 单片机基本单元结构与操作原理

## 6.1 定时器/计数器的基本结构与操作方式

### 6.1.1 定时器/计数器的基本组成

89C51 中有两个 16 位的加计数定时器/计数器 T0、T1,其组成如图 6.1 所示。

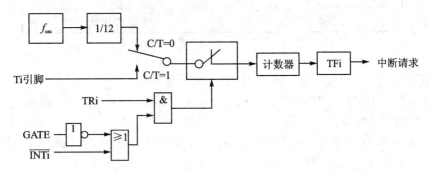

**图 6.1　89C51 中定时器/计数器的基本组成**

说明:

(1) 计数器由两个 8 位的加计数器 TLi 和 THi 组成,在不同的方式下,其组成结构不同。

(2) 计数输入可选择振荡器的 12 分频计数,也可从端口 Ti 对外部脉冲计数。

(3) 控制逻辑:当 GATE＝0 时,由 TRi 控制计数器的启/停;当 GATE＝1,且 TRi＝1 时,计数器由外部引脚$\overline{\text{INTi}}$控制启/停(高电平开启)。

(4) 计数器的溢出管理:当计数器溢出时,溢出中断请求标志位 TFi 置 1,并请求中断,中断响应后 TFi 自动清 0。

### 6.1.2 定时器/计数器的 SFR

参与定时器/计数器管理的 SFR 有方式寄存器 TMOD 和控制寄存器 TCON。

**1. TMOD 方式寄存器**

TMOD 方式寄存器的格式如下:

| GATE | C/T | M1 | M0 | GATE | C/T | M1 | M0 |
|------|-----|----|----|------|-----|----|----|
| 高 4 位 T1 控制用 | | | | 低 4 位 T0 控制用 | | | |

说明:

TMOD 为不可位寻址 SFR,地址为 89H,其低 4 位控制 T0,高 4 位控制 T1,各位的意义如下。

M1、M0　　方式控制。00 为方式 0，为 13 位计数器方式；01 为方式 1，为 16 位计数器方式；10 为方式 2，为 8 位自动重装初值方式；11 为方式 3，为两个 8 位计数器与波特率发生器工作方式。

C/T　　　计数/定时方式选择。C/T＝1 时，对外部计数；C/T＝0 时，对内部振荡器 12 分频计数。

GATE　　控制方式选择。当 GATE＝0 时，计数器由内部 TRi 控制启/停；当 GATE＝1 时，计数器由 TRi 和外部引脚 $\overline{INTi}$ 一起控制。

**2. TCON 控制寄存器**

TCON 控制寄存器的格式如下：

| TF1 | TR1 | TF0 | TR0 | IE1 | IT1 | IE0 | IT0 |
|-----|-----|-----|-----|-----|-----|-----|-----|
| 用于定时器 | | | | 用于外中断 | | | |

说明：

（1）TCON 是一个可位寻址的寄存器，字节地址为 88H。

（2）高 4 位用于定时器控制，低 4 位用于外中断控制。

（3）各位的意义如下。

TF1　　定时器/计数器 T1 溢出标志。溢出时自动置 1，中断响应后自动复位，也可用软件复位。

TR1　　定时器/计数器 T1 运行控制位。TR1＝0 时停止；TR1＝1 时开启。

TF0　　定时器/计数器 T0 溢出标志。溢出时自动置 1，中断响应后自动复位，也可用软件复位。

TR0　　定时器/计数器 T0 运行控制位。TR0＝0 时停止；TR0＝1 时开启。

IE1　　外中断 1 中断请求标志位。CPU 响应中断后自动复位。

IT1　　外中断 1 触发类型选择位。IT1＝0 时为电平触发；IT1＝1 时为下降沿边沿触发。

IE0　　外中断 0 中断请求标志位。CPU 响应中断后自动复位。

IT0　　外中断 0 触发类型选择位。IT0＝0 时为电平触发；IT0＝1 时为下降沿边沿触发。

（4）定时器/计数器 T0、T1 的数据寄存器为 TH0、TL0 和 TH1、TL1。T0 和 T1 各有一个 16 位的寄存器，由高 8 位和低 8 位组成，可以进行读/写操作，复位时这 4 个寄存器全部清 0。

# 6.1.3　定时器/计数器的工作方式

定时器/计数器的工作方式有以下 4 种：

**1. 方式 0**

当 TMOD 中的 M0＝0、M1＝0 时，为 13 位计数或定时方式，其中 TLi 使用低 5 位，其结构如图 6.2 所示。

**2. 方式 1**

当 TMOD 中的 M0＝1、M1＝0 时，为 16 位计数或定时方式，其结构如图 6.3 所示。

**3. 方式 2**

当 TMOD 中的 M0＝0、M1＝1 时，为 8 位自动重装初值计数或定时方式，其结构如图 6.4

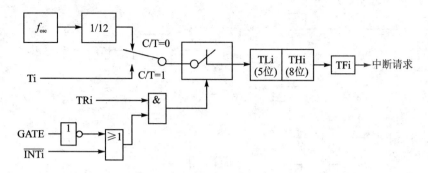

**图 6.2　方式 0 时 T0、T1 的结构图**

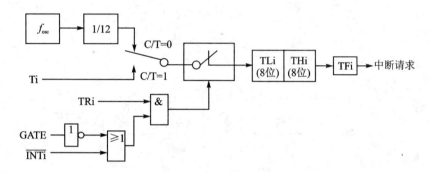

**图 6.3　方式 1 时 T0、T1 的结构图**

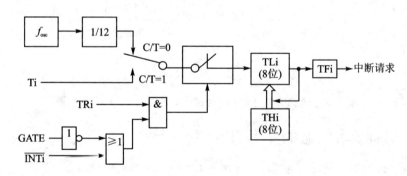

**图 6.4　方式 2 时 T0、T1 的结构图**

所示。

　　在方式 2 时,将 16 位计数器分成两个 8 位的计数器,THi 用来存放初值。当计数器溢出时,一方面将 TFi 置 1,申请中断;而另一方面自动将 THi 的值装入 TLi。

**4. 方式 3**

　　T0 为方式 3 时,T1 作为波特率发生器,其 TF1、TR1 资源出借给 T0 使用,而 T0 可以构成两个独立的结构,其中 TL0 构成一个完整的 8 位定时器/计数器,而 TH0 则是一个仅能对晶振频率 12 分频的定时器,其结构如图 6.5 所示。T1 作波特率发生器时,可以设置成方式 0、1 或 2,用在任何不需要中断控制的场合。一般 T1 作波特率发生器时,常设置成方式 2 的自动重装模式,其结构如图 6.6 所示。

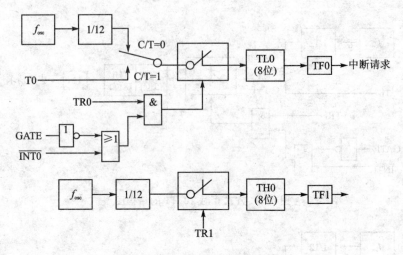

图 6.5　方式 3 时 T0 的结构图

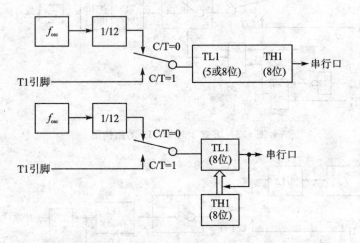

图 6.6　T0 为方式 3 时, T1 为波特率发生器时的 T1 结构图

## 6.1.4　定时器/计数器的编程和使用

### 1. 定时器/计数器溢出率的计算

由公式 $t = T_c \times (2^L - TC)$, 先求出 $t$, 然后再求溢出率。

式中: $t$ 为定时时间 ($\mu s$);

　　　　$T_c$ 为机器周期, $T_c = 12 \div f_{osc}$;

　　　　$L$ 为计数器位数, 13 位时 $2^L = 8\,192$, 16 位时 $2^L = 65\,536$, 8 位时 $2^L = 256$;

　　　　TC 为定时器/计数器初值。

定时时间的倒数即为溢出率 $= 1/t$。

例如: 设晶振频率为 12 MHz, 求定时器定时时间为 5 ms 时的初值。

(1) 采用 13 位计数器时:

TC = 8 192 - 5 000 = 3 192 = 0C78H = 0110001111000B

汇编程序为

```
MOV     TH0,#63H
MOV     TL0,#18H
```

C 程序为

```
TH0=0x63;
TL0=0x18;
```

（2）采用 16 位计数器时：

TC＝65 536－5 000＝60 536＝EC78H

汇编程序为

```
MOV     TH0,#0ECH
MOV     TL0,#78H
```

C 程序为

```
TH0=0xEC;
TL0=0x78;
```

（3）采用 8 位计数器时：

若时钟频率为 12 MHz，8 位计数器的最大定时时间为 256 $\mu$s，一次定时 5 ms 不能达到要求，在中断程序中可采用多次溢出累加法。

**2. 定时器/计数器的编程**

定时器/计数器的编程步骤如下：

（1）设置 TMOD 方式值，只能用字节寻址，如：

汇编程序为

```
MOV     TMOD,#11H     ;两个 16 位定时器
MOV     TMOD,#22H     ;两个 8 位自动重装初值定时器
MOV     TMOD,#51H     ;T1 为 16 位计数器,T0 为 16 位定时器
```

C 程序为

```
TMOD=0x11;          // 两个 16 位定时器
TMOD=0x22;          // 两个 8 位自动重装初值定时器
TMOD=0x51;          // T1 为 16 位计数器,T0 为 16 位定时器
```

（2）将定时时间常数和初值放入 TH 和 TL，只能字节寻址，如：

汇编程序为

```
MOV     TH0,#07H
MOV     TL0,#0FFH
MOV     TH1,#01H
MOV     TL1,#0F8H
```

C 程序为

```
TH0=0x07;
TL0=0xFF;
```

TH1＝0x01;

TL1＝0xF8;

（3）定时器中断的开放与禁止，一般用位寻址，如：

汇编程序为

```
SETB        EA
SETB        ET0
SETB        ET1
CLR         EA
CLR         ET0
CLR         ET1
```

C 程序为

EA＝1;

ET0＝1;

ET1＝1;

EA＝0;

ET0＝0;

ET1＝0;

（4）启动或关闭定时计数器，一般用位寻址，如：

汇编程序为

```
SETB        TR0
SETB        TR1
CLR         TR0
CLR         TR1
```

C 程序为

TR0＝1;

TR1＝1;

TR0＝0;

TR1＝0;

## 6.1.5　定时器/计数器的应用实例

**【例 6 - 1】**　试设定定时器/计数器 T0 为计数方式 2，当 T0 引脚出现负跳变时，向 CPU 申请中断。

**解**：当 T0 引脚出现负跳变时，申请中断，可设初值为 0FFH，当第 1 个低电平来时，即发生溢出中断申请。汇编程序如下：

```
            ORG         0000H            ;主程序入口地址
            LJMP        MAIN             ;跳至 MAIN 执行
            ORG         00BH             ;定时器 T0 溢出中断服务程序入口地址
            LJMP        INTT0            ;跳至中断服务程序 INTT0 执行
```

```
MAIN: MOV     TMOD,#06H     ;T0 为 8 位自动重装初值计数器
      MOV     TL0,#0FFH     ;初值为#0FF
      MOV     TH0,#0FFH;
      SETB    ET0           ;允许 T0 溢出中断
      SETB    EA            ;总中断允许开放
      SETB    TR0           ;开启定时器
      AJMP    $             ;等待
INTT0: CLR    ET0           ;关定时器 T0 中断
        ⋮                  ;处理程序
      SETB    ET0           ;允许 T0 中断
      RETI
      END                   ;程序结束
```

【例 6 - 2】　如图 6.7 所示,利用 T0 在 P1.0 端口产生 500 Hz 的方波对称脉冲(12 MHz 晶振)。

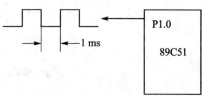

图 6.7　产生 500 Hz 的方波对称脉冲

解:设 T0 为 16 位定时器模式,利用查询法设计程序,溢出周期为 1 ms,则初值 TC=65 536 - 1 000=64 536=FC18H。

汇编程序如下:

```
        ORG     0000H
        LJMP    MAIN
MAIN: MOV     TMOD,#01H     ;设 T0 为 16 位定时器模式
      MOV     TL0,#18H      ;赋初值
      MOV     TH0,#0FCH     ;赋初值
      SETB    TR0           ;开启定时器
LOOP: JBC     TF0,CPLP      ;TF0 为 1,转 CPLP 并将 TF0 清 0
      AJMP    LOOP          ;TF0 为 0,则转 LOOP 循环等待
CPLP: MOV     TL0,#18H      ;重装初值
      MOV     TH0,#0FCH
      CPL     P1.0          ;P1.0 端口状态取"反"
      AJMP    LOOP          ;转 LOOP 再循环等待
      END                   ;结束
```

C 程序如下:

```
//**************开始*****************//
#include "reg51. h"            //头文件
sbit fbout=P1^0;               //方波输出端口
//*******************************//
//              主函数            //
//*******************************//
main()
{
```

```
TMOD＝0x01；                    //初始化
TL0＝0x18；
TH0＝0xFC；
TR0＝1；
while(1)
{
while(TF0＝＝0)；
 {
   TL0＝0x18；
   TH0＝0xFC；
   fbout＝!fbout；
   TF0＝0；
 }
}
}
//＊＊＊＊＊＊＊＊＊＊＊＊＊＊结束＊＊＊＊＊＊＊＊＊＊＊＊＊＊＊//
```

**【例6－3】** 如图6.8所示，如果要在例6－2中产生周期为3 ms、占空比为2∶1的脉冲波，应该怎样修改程序？

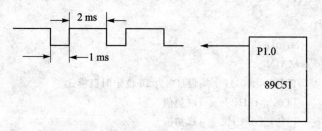

**图6.8　产生周期为3 ms、占空比为2∶1的脉冲波**

**解**：可在程序中加入P1.0端口的状态判断，当P1.0为高电平时，需溢出两次才对端口取"反"。程序如下：

```
        ORG     0000H
        LJMP    MAIN
MAIN：  MOV     TMOD,＃01H      ;T0为16位定时模式
        MOV     TL0,＃18H       ;定时器赋初值
        MOV     TH0,＃0FCH      ;定时器赋初值
        MOV     R2,＃02H        ;R2赋初值
        SETB    TR0            ;开启定时器
LOOP：  JBC     TF0,CPLP       ;TF0为1(定时时间到),转CPLP并将TF0清0
        AJMP    LOOP           ;TF0为0则转LOOP循环等待
CPLP：  MOV     TL0,＃18H       ;定时器重装初值
        MOV     TH0,＃0FCH      ;定时器重装初值
        JB      P1.0,CPLP1     ;P1.0口为1则转CPLP1
        CPL     P1.0           ;P1.0口为0则取"反"(变1)
```

| | MOV | R2,#02H | ;R2 重赋初值 |
|---|---|---|---|
| | AJMP | LOOP | ;转 LOOP 等待定时时间到 |
| CPLP1: | DJNZ | R2,LOOP | ;2 ms 未到转 LOOP |
| | CPL | P1.0 | ;2 ms 到对 P1.0 口取"反"(变为 0) |
| | AJMP | LOOP | ;转 LOOP 等待定时时间到 |
| | END | | ;程序结束 |

# 6.2　中断系统的基本原理与操作方式

89C51 中断系统有 5 个中断源,其中有 2 个外部中断源、2 个定时中断源和 1 个串行中断源,每个中断源都可以选择 2 个优先级。

## 6.2.1　中断系统的基本组成

(1) 中断:程序执行过程中,允许外部或内部事件通过硬件打断程序的执行,使其转向处理事件的中断服务程序中去,完成后继续执行原来的程序,这样的过程叫中断过程。

(2) 中断源:能产生中断的外部事件和内部事件叫中断源。

(3) 中断优先级:几个中断源同时申请中断时,CPU 必须区分哪个中断源更重要,从而确定优先处理哪个中断事件。89C51 中断优先级从高到低为 INT0、T0、INT1、T1、串口中断。

(4) 中断请求标志:当中断事件发生时,相应的中断请求标志 IE0、IE1、FT0、FT1、TI/RI 被置 1。

(5) 中断使能:有总中断使能 EA 和各中断源使能 EX0、ET0、EX1、ET1、ES,当被置 1 时开放中断。

(6) 中断嵌套:中断程序可以被更高级的中断源中断。

图 6.9 为 89C51 中断系统结构示意图。

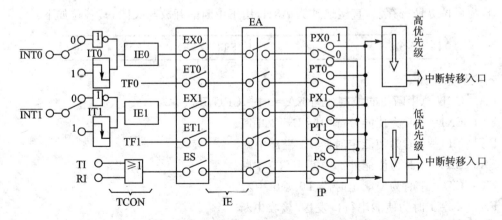

**图 6.9　89C51 中断系统结构示意图**

## 6.2.2　中断系统中的 SFR

与中断系统有关的 SFR 有 SCON、TCON、IE 和 IP。

## 1. 串行口控制寄存器 SCON

SCON 为可位寻址寄存器,直接地址为 98H,其各位如下:

| SM0 | SM1 | SM2 | REN | TB8 | RB8 | TI | RI |
|-----|-----|-----|-----|-----|-----|----|----|

各位的意义如下。

TI　发送中断标志。当发送数据完毕时,TI=1,表示帧发送完毕,请求中断,也可供查询。TI 只能由程序清 0。

RI　接收中断标志。当接收数据完毕时,TI=1,表示接收完一帧数据,请求中断,也可供查询。RI 只能由程序清 0。

## 2. TCON 控制寄存器

TCON 是一个可位寻址的寄存器,字节地址为 88H,高 4 位用于定时器控制,低 4 位用于外中断控制,其各位如下:

| TF1 | TR1 | TF0 | TR0 | IE1 | IT1 | IE0 | IT0 |
|-----|-----|-----|-----|-----|-----|-----|-----|
| 用于定时器 | | | | 用于外中断 | | | |

各位的意义如下。

TF1　定时器/计数器 T1 溢出标志。溢出时自动置 1,中断响应后自动复位,也可用软件复位。

TF0　定时器/计数器 T0 溢出标志。溢出时自动置 1,中断响应后自动复位,也可用软件复位。

IE1　外中断 1 中断请求标志位。CPU 响应中断后自动复位。

IT1　外中断 1 触发类型选择位。IT1=0 时为电平触发;IT1=1 时为下降沿边沿触发。

IE0　外中断 0 中断请求标志位。CPU 响应中断后自动复位。

IT0　外中断 0 触发类型选择位。IT0=0 时为电平触发;IT0=1 时为下降沿边沿触发。

## 3. 中断允许寄存器 IE

IE 为可位寻址寄存器,直接地址为 A8H,用于中断的开放与关闭,其各位如下:

| EA | | | ES | ET1 | EX1 | ET0 | EX0 |
|----|----|----|----|-----|-----|-----|-----|

各位的意义如下。

EA　CPU 总中断使能控制。当 EA=1 时,CPU 开放中断。

EX1　EX1=1 时为使能外部中断 INT1 中断。

ET1　ET1=1 时为使能定时器 T1 溢出中断。

EX0　EX0=1 时为使能外部中断 INT0 中断。

ET0　ET0=1 时为使能定时器 T0 溢出中断。

ES　ES=1 时为使能串行口发送/接收中断。

## 4. 中断优先级管理寄存器 IP

IP 为可位寻址寄存器,直接地址为 B8H,用来设定优先级别。置 1 时为高优先级,清 0 时为低优先级,其各位如下:

| | | | PS | PT1 | PX1 | PT0 | PX0 |
|----|----|----|----|-----|-----|-----|-----|

各位的意义如下。

PX0、PX1　　外部中断源 INT0、INT1 优先级选择位。

PT0、PT1　　定时器/计数器溢出中断优先级选择位。

PS　　　　　串行口发送/接收中断优先级选择位。

## 6.2.3　中断响应的自主操作过程

### 1. CPU 的中断查询

CPU 的中断查询各位如下：

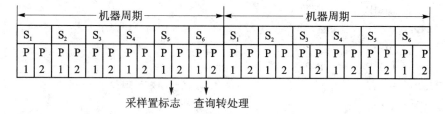

CPU 在每个机器周期的 S5P2 期间,各中断源被采样并设置相应的中断标志;在每个机器周期的 S6P2 状态中,按优先级顺序查询中断源的中断标志,并处理请求的中断源,且在下一个机器周期的 S1 状态中响应最高级的中断请求。但以下情况除外：

(1) CPU 正在处理相同或更高级的中断源;

(2) 多机器周期指令中,还没有执行到最后一个机器周期;

(3) 正在执行中断系统的 SFR 操作,如 RETI 及访问 IE、IP 等的操作时,要延时一条指令。

### 2. 中断响应中的 CPU 自主操作

在中断响应中,CPU 要完成以下自主操作：

(1) 置位相应的优先级状态触发器,以标明响应所中断的优先级别;

(2) 中断源标志清 0(TI、RI 除外);

(3) 中断点地址装入堆栈保护(不保护 PSW);

(4) 中断入口地址装入 PC,以便使程序转到中断入口地址处。

### 3. 中断返回时 CPU 的自主操作

CPU 执行到 RETI 中断返回指令时,产生以下自主操作：

(1) 优先级触发器清 0;

(2) 断点地址装入 PC,以使程序返回到断点处。

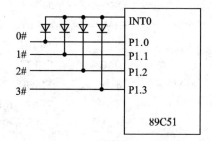

图 6.10　外部中断源的扩展接口电路

## 6.2.4　应用实例

【例 6-4】　外部中断源的扩展方法。

外部中断源的扩展接口电路如图 6.10 所示。

外部中断源的扩展程序如下：

```
        ORG      0003H          ;外中断 0 入口地址
        LJMP     INTEX0         ;跳到 INTEX0 执行
    ;
```

| INTEX0： | PUSH | PSW | ;PSW 入堆栈保护 |
| | JNB | P1.0,INTFUN0 | ;P1.0 为 0 转 INTFUN0 |
| | JNB | P1.1,INTFUN1 | ;P1.1 为 0 转 INTFUN1 |
| | JNB | P1.2,INTFUN2 | ;P1.2 为 0 转 INTFUN2 |
| | JNB | P1.3,INTFUN3 | ;P1.3 为 0 转 INTFUN3 |
| INTOUT： | POP | PSW | ;恢复 PSW |
| | RETI | | ;中断返回 |
| INTFUN0： | …… | | ;0#中断处理程序 |
| | …… | | |
| | LJMP | INTOUT | |
| INTFUN1： | …… | | ;1#中断处理程序 |
| | …… | | |
| | LJMP | INTOUT | |
| INTFUN2： | …… | | ;2#中断处理程序 |
| | …… | | |
| | LJMP | INTOUT | |
| INTFUN3： | …… | | ;3#中断处理程序 |
| | …… | | |
| | LJMP | INTOUT | |
| | END | | ;程序结束 |

从程序可以看出,中断优先级是由查询的顺序决定的。

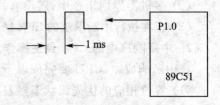

图 6.11　方波发生器接口电路

【例 6-5】　如图 6.11 所示,利用 T0 的溢出中断法,在 P1.0 端口产生 500 Hz 的方波对称脉冲。

**解**:设 T0 为 16 位定时器模式,利用中断法设计程序,溢出周期为 1 ms 时,初值为 TC=65 536-1 000=64 536=FC18H(晶振频率为 12 MHz)。

汇编程序如下:

| | ORG | 0000H | ;主程序执行入口地址 |
| | LJMP | MAIN | ;跳至 MAIN 执行 |
| | ORG | 000BH | ;T0 溢出中断服务程序入口 |
| | LJMP | INTT0 | ;跳至 T0 溢出中断服务程序 |
| MAIN： | MOV | TMOD,#01H | ;T0 为 16 位定时模式 |
| | MOV | TL0,#18H | ;定时器装初值 |
| | MOV | TH0,#0FCH | ;定时器装初值 |
| | SETB | EA | ;开总中断允许 |
| | SETB | ET0 | ;开定时器 T0 中断使能 |
| | SETB | TR0 | ;开启定时器 T0 |
| | SJMP | $ | ;等待 |
| INTT0： | CPL | P1.0 | ;P1.0 取"反" |
| | MOV | TL0,#18H | ;重装初值 |

```
MOV        TH0,#0FCH              ;重装初值
RETI                              ;中断返回
END                               ;结束
```

C 程序如下：

```
// ****************开始****************//
//
#include "reg51.h"                        //头文件
sbit fbout=P1^0;                          //方波输出端口
// *******************************//
//              主函数              //
// *******************************//
main()
{
TMOD=0x01;                                //初始化
TL0=0x18;
TH0=0xFC;
EA=1;
ET0=1;
TR0=1;
while(1);
}
//
/ ***************T0 中断程序***************/
void time_intt0(void) interrupt 1
{
 TL0=0x18;TH0=0xFC;fbout=!fbout;
}
// ***************结束****************//
```

**思　考**

1. 例 6－4、例 6－5 中程序执行后能否退出？

2. 在例 6－4、例 6－5 程序中，CPU 有无空闲的时间？应怎样利用？

3. 为什么通常在中断入口处放一条转移指令？例 6－4、例 6－5 中能不能不用转移指令？

【**例 6－6**】　用定时器/计数器测量脉冲信号的频率。

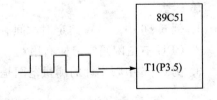

**图 6.12　频率测量接口电路**

**解：** 如图 6.12 所示，用 T1 作为计数器，T0 作
1 s 定时器，当 1 s 时间到时，将 T1 的计数值移入 70H、71H。T0 定时采用 50 ms，则初值为 65 536－50 000＝15 536＝3CB0H。

汇编程序如下：

| TESTF: | MOV | TMOD,#51H | ;T0 为 16 位定时器,T1 为 16 位计数器 |
|---|---|---|---|
| | MOV | R0,#14H | ;T0 溢出 20 次为 1 s |
| | MOV | TL1,#00H | ;清 T1 计数器 |
| | MOV | TH1,#00H | ;清 T1 计数器 |
| | MOV | TL0,#0B0H | ;T0 计数器赋初值 |
| | MOV | TH0,#3CH | ;T0 计数器赋初值 |
| | SETB | P3.5 | ;P3.5 端口置输入状态 |
| | SETB | EA | ;开总中断使能 |
| | SETB | ET0 | ;允许 T0 溢出中断 |
| | CLR | F0 | ;清标志位 F0 |
| LOOP: | JB | P3.5,LOOP | ;等待 P3.5 口低电平脉冲输入 |
| | SETB | TR0 | ;50 ms 定时启动 |
| | SETB | TR1 | ;脉冲计数开始 |
| WAIT: | JB | F0,TESTEND | ;标志 F0 为 1 时测试结束 |
| | SJMP | WAIT | ;标志 F0 为 0 时等待 |
| TESTEND: | RET | | ;测试结束 |
| | ORG | 000BH | ;T0 溢出中断服务程序入口地址 |
| | LJMP | INTT0 | ;T0 溢出中断服务程序入口 |
| INTT0: | DJNZ | R0,INTOUT | ;T0 溢出不到 20 次转 INTOUT |
| | CLR | TR1 | ;T0 溢出 20 次则关计数器 T1 |
| | CLR | TR0 | ;关定时器 T0 |
| | CLR | EA | ;关总中断使能 |
| | CLR | ET0 | ;关 T0 中断使能 |
| | MOV | 70H,TH1 | ;将脉冲个数计数值(高位)移入 70H 地址单元 |
| | MOV | 71H,TL1 | ;将脉冲个数计数值(低位)移入 71H 地址单元 |
| | SETB | F0 | ;将标志位 F0 置 1 |
| | RETI | | ;中断返回 |
| INTOUT: | MOV | TL0,#0B0H | ;T0 溢出不到 20 次重装初值 |
| | MOV | TH0,#3CH | ;T0 溢出不到 20 次重装初值 |
| | RETI | | ;中断返回 |

**思 考**

1. 例 6-6 中 50 ms 的定时时间有误差吗? 怎样修正?

2. CPU 有空闲吗? 怎样利用?

3. 例 6-6 中频率计的测量范围是多少? 如何扩展? 扩展的限制是什么?

# 6.3 串行口的基本结构与操作方式

89C51 有一个全双工的串行接口,既可以作为串行异步通信(UART)接口,也可以作为同步移位寄存器方式下的串行扩展接口。UART 具有多机通信功能。

## 6.3.1　串行口的基本组成

串行口由发送控制、接收控制、波特率管理和发送/接收缓冲器 SBUF 组成，其示意图如图 6.13 所示。

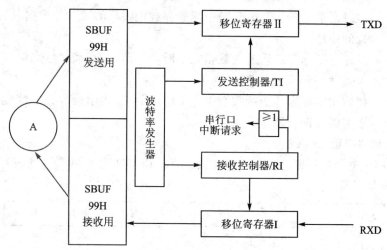

**图 6.13　串行口的基本组成示意图**

## 6.3.2　串行口的特殊功能寄存器

**1. 发送/接收缓冲器 SBUF**

89C51 中有两个各自独立的 SBUF 寄存器，直接地址都为 99H。SBUF 只能与 A 进行数据交换。

**2. 控制寄存器 SCON**

SCON 为可位寻址寄存器，直接地址为 98H，其各位如下：

| SM0 | SM1 | SM2 | REN | TB8 | RB8 | TI | RI |
|-----|-----|-----|-----|-----|-----|-----|-----|

各位的意义如下。

SM0、SM1　方式选择位。用来选择串行口的 4 种工作方式，其功能如表 6.1 所列。

**表 6.1　方式选择位及功能**

| 方式位 | | 方　式 | 功　能 | 波特率 |
|-----|-----|-----|-----|-----|
| SM0 | SM1 | | | |
| 0 | 0 | 0 | 同步移位寄存器方式 | $f_{osc}/12$ |
| 0 | 1 | 1 | 8(10)位 UART 方式 | 须设置 |
| 1 | 0 | 2 | 9(11)位 UART 方式 | $f_{osc}/32$ 或 $f_{osc}/64$ |
| 1 | 1 | 3 | 9(11)位 UART 方式 | 须设置 |

SM2　　　多机通信控制位。在方式 2、方式 3 中用于多机通信控制。在方式 2、方式 3 的接收状态中，若 SM2＝1，接收到的第 9 位（RB8）为 0 时，舍弃接收到的数据，RI 清 0；RB8 为 1 时，将接收到的数据送至 SBUF 中，并将 RI 置 1。当 SM2＝0 时，正常接收。

REN　　　　　使能接收位。REN＝1 使能接收,REN＝0 禁止接收。REN 由指令置位或清 0。

TB8　　　　　第 9 位发送数据。多机通信(方式 2、方式 3)中,TB8 表明发送的是数据还是地址,TB8＝1 是地址,TB8＝0 是数据。TB8 由指令置位或清 0。

RB8　　　　　多机通信(方式 2、方式 3)中用来存放接收到的第 9 位数据,用以表明接收数据的特征。

TI　　　　　　发送中断标志。当发送数据完毕时,TI＝1,表示帧发送完毕,请求中断,也可供查询。TI 只能由程序清 0。

RI　　　　　　接收中断标志。当接收数据完毕时,RI＝1,表示接收完一帧数据,请求中断,也可供查询。RI 只能由程序清 0。

**3. 电源控制寄存器 PCON**

串行口借用了电源控制寄存器 PCON 的最高位,PCON 为不可位寻址寄存器,直接地址为 87H,其各位如下:

| SMOD | — | — | — | GF1 | GF0 | PD | IDL |
|------|---|---|---|-----|-----|----|----|

各位的意义如下。

SMOD　　　　波特率加倍位。当波特率由 T1 产生且 SMOD＝1 时,在串行口的波特率提高1倍。

GF1、GF0　　通用标志位。

PD　　　　　　当 PD＝1 时,进入掉电工作模式。PD 只能由硬件复位。

IDL　　　　　　当 IDL＝1 时,进入空闲工作模式。

# 6.3.3　串行口的工作方式

串行口有 4 种工作方式,由 SCON 中的 SM0、SM1 两位选择决定。

**1. 方式 0**

(1) 特　点

① 用作串行口扩展,具有固定的波特率,为 $f_{osc}/12$。

② 同步发送/接收,由 TXD 提供移位脉冲,RXD 用作数据输入/输出通道。

③ 发送/接收 8 位数据,低位在先。

(2) 发送操作

当执行一条"MOV　SBUF,A"指令时,启动发送操作,由 TXD 输出移位脉冲,由 RXD 串行发送 SBUF 中的数据。发送完 8 位数据后自动置 TI＝1,请求中断。要继续发送时,TI 必须由指令清 0。

(3) 接收操作

在 RI＝0 条件下,置 REN＝1,启动一帧数据的接收,由 TXD 输出移位脉冲,由 RXD 接收串行数据到 A 中。接收完一帧数据自动置位 RI,请求中断。想继续接收时,要用指令将 RI 清零。

**2. 方式 1**

(1) 特　点

① 8 位 UART 接口。

② 帧结构为 10 位,包括起始位(为 0),8 位数据位,1 位停止位。

③ 波特率由指令设定,由 T1 的溢出率决定。

(2) 发送操作

当执行一条"MOV　SBUF,A"指令时,启动发送操作,A 中的数据从 TXD 端实现异步发送。发送完一帧数据后自动置 TI=1,请求中断。要继续发送时,TI 必须由指令清 0。

(3) 接收操作

当置 REN=1 时,串行口采样 RXD,当采样到 1 至 0 的跳变时,确认串行数据帧的起始位,开始接收一帧数据,直到停止位到来时,把停止位送入 RB8 中。置位 RI 请求中断,CPU取走数据后用指令将 RI 清零。

**3. 方式 2 和方式 3**

方式 2 和方式 3 具有多机通信功能,这两种方式除了波特率不同以外,其余完全相同。

(1) 特　点

① 9 位 UART 接口。

② 帧结构为 11 位,包括起始位(为 0)、8 位数据位、1 位可编程位 TB8/RB8 和停止位(为 1)。

③ 波特率在方式 2 时为固定 $f_{osc}/32$ 或 $f_{osc}/64$,由 SMOD 位决定。当 SMOD=1 时,波特率为 $f_{osc}/32$;当 SMOD=0 时,波特率为 $f_{osc}/64$。方式 3 的溢出率由 T1 的溢出率决定。

(2) 发送操作

发送数据之前,由指令设置 TB8(如作为奇偶校对位或地址/数据位),将要发送的数据由A 写入 SBUF 中启动发送操作。在发送中,内部逻辑会把 TB8 装入发送移位寄存器的第 9 位位置,然后发送一帧完整的数据,发送完毕后置位 TI。TI 须由指令清 0。

(3) 接收操作

当置位 SEN 位且 RI=0 时,启动接收操作,帧结构上的第 9 位送入 RB8 中,对所接收的数据视 SM2 和 RB8 的状态决定是否会使 RI 置 1。

当 SM2=0 时,RB8 不论什么状态 RI 都置 1,串行口都接收数据。

当 SM2=1 时,为多机通信方式,接收到的 RB8 为地址/数据标识位。

当 RB8=1 时,接收的信息为地址帧,此时使 RI 置 1,串行口接收发送来的数据。

当 RB8=0 时,接收的信息为数据帧,若 SM2=1,RI 不会置 1,此数据丢弃;若 SM2=0,则 SBUF 接收发送来的数据。

# 6.3.4　应用实例

串行通信中波特率的计算:

波特率是串行通信中每秒传送的数据位数。方式 0 和方式 2 的波特率是不变的($f_{osc}/12$、$f_{osc}/32$、$f_{osc}/64$);方式 1 和方式 3 的波特率由 T1 的溢出率决定:

$$波特率 = (2^{SMOD}/32) \times T1 溢出率 =$$
$$(2^{SMOD}/32) \times f_{osc}/[12 \times (256 - X)] =$$
$$\frac{2^{SMOD} \times f_{osc}}{32 \times 12 \times (2^L - X)}$$

式中:$L$ 为计数位长;$X$ 为初值。

定时器 T1 产生的常用波特率如表 6.2 所列。

表 6.2　定时器 T1 产生的常用波特率

| 波特率 | 振荡时钟频率/MHz | SMOD | T1 在方式 2 的初值 |
|---|---|---|---|
| 62.5K | 12 | 1 | FFH |
| 19.2K | 11.059 2 | 1 | FDH |
| 9.6K | 11.059 2 | 0 | FDH |
| 4.8K | 11.059 2 | 0 | FAH |
| 2.4K | 11.059 2 | 0 | F4H |
| 1.2K | 11.059 2 | 0 | E8H |

【例 6-7】　UART 方式 0 时发送 $N$ 个字节汇编子程序。

```
UARTOUT:    MOV    R0,#MTD          ;发送数据首址入 R0
            MOV    R2,#N            ;发送字节个数入 R2
            MOV    SCON,#00H        ;设串口为方式 0
SOUT:       MOV    A,@R0            ;发送数据入 A
            CLR    TI               ;清发送标志 TI
            MOV    SBUF,A           ;启动发送
WAITOUT:    JNB    TI,WAITOUT       ;发送等待
            INC    R0               ;指向下一字节
            DJNZ   R2,SOUT          ;N 个字节未发完,转 SOUT
            RET                     ;N 个字节发完,结束
```

串行口方式 0 时发送 8 字节 C 程序：

```c
//***************开始*****************//
#include "reg51.h"                    //头文件
#define uchar unsigned char
uchar data  valdata[8]={0x00,0x01,0x02,0x03,0x04,0x05,0x06,0x07};
uchar i;
//***************主函数*****************//
main()
{
SCON=0x00;TI=0;
for(i=0;i<8;i++)
{
SBUF=valdata[i];while(TI==0);TI=0;
}
while(1);
}
//***************结束*****************//
```

**【例 6 - 8】**　串行口方式 0 时接收汇编子程序。

| | | | |
|---|---|---|---|
| UARTIN： | MOV | R0,＃MTD | ;接收数据存放首址入 R0 |
| | MOV | R2,＃N | ;接收字节数入 R2 |
| SIN： | CLR | RI | ;清接收标志 |
| | MOV | SCON,＃10H | ;置串口为方式 0,REN＝1 |
| WAITIN： | JNB | RI,WAITIN | ;接收等待 |
| | MOV | A,SBUF | ;接收缓冲器数据入 A |
| | MOV | @R0,A | ;将数据移入内存单元 |
| | INC | R0 | ;指向下一存储单元 |
| | DJNZ | R2,SIN | ;N 个数据接收未完,转 SIN |
| | RET | | ;N 个数据接收完,结束 |

串行口方式 0 时接收 8 字节 C 程序：

```
// * * * * * * * * * * * * * * * *开始 * * * * * * * * * * * * * * * * * *//
＃include "reg51. h"                        //头文件
＃define uchar unsigned char
uchar data    valdata[8];
uchar i;
// * * * * * * * * * * * * * *主函数 * * * * * * * * * * * * * * * * * *//
main()
{
SCON＝0x10;RI＝0;
for(i＝0;i＜8;i＋＋)
{
while(RI＝＝0);valdata[i]＝SBUF;RI＝0;
}
while(1);
}
// * * * * * * * * * * * * * * *结束 * * * * * * * * * * * * * * * * * *//
```

**【例 6 - 9】**　利用串口方式 1 实现一个数据块的发送,数据首址为 50H,发送数据长度为 10H,选定波特率为 1 200。

**解**：设 T1 为方式 2 自动重装初值模式,当时钟频率为 11.059 MHz 时,初值为 E8H,汇编程序如下：

| | | | |
|---|---|---|---|
| TXD1： | MOV | TMOD,＃20H | ;T1 为 8 位自动重装初值模式 |
| | MOV | TL1,＃0E8H | ;赋初值 |
| | MOV | TH1,＃0E8H | ;赋初值 |
| | CLR | ET1 | ;关 T1 中断 |
| | SETB | TR1 | ;开定时器 T1 |
| | MOV | SCON,＃40H | ;串口初始化成方式 1 |
| | MOV | PCON,＃00H | ;SMOD＝0,不加倍模式 |
| | MOV | R0,＃50H | ;数据首址入 R0 |

```
           MOV     R2,#10H            ;数据长度入 R2
TSTART：    MOV     A,@R0              ;取数据
           MOV     SBUF,A             ;数据发送
WAIT：      JBC     TI,CONT           ;等待 TI 变 1 后转 CONT 并对 TI 清 0
           SJMP    WAIT
CONT：      INC     R0                ;指向下一字节
           DJNZ    R2,TSTART         ;数据未发完,转 TSTART
           RET                        ;数据发完,结束
```

**【例 6-10】** 利用串口方式 1 实现一个数据串的发送,选定波特率为 1 200。

**解：**设 T1 为方式 2 自动重装初值模式,当时钟频率为 12 MHz 时,初值为 E6H,C 程序如下：

```
// ***************开始******************//
# include "reg51. h"                      //头文件
# define uchar unsigned char
uchar data    valdata[8]={"01234567"};
uchar i;
// ***************主函数*****************//
main()
{
TMOD=0X22;TL1=0XE8;TH1=0XE8;ET1=0;TR1=1;
SCON=0x40;TI=0;PCON=0x00;
for(i=0;i<8;i++)
{
SBUF=valdata[i];while(TI==0);TI=0;
}
while(1);
}
// ***************结束******************//
```

# 思考与练习

1. 在什么方式下需要设置串行口的波特率? 如何设定?

2. 设计一个对应例 6-10 的接收程序。

3. SMOD 对波特率有什么影响?

4. 试编写一个用单片机控制的小灯程序,要求有 8 个小灯,接通电源后,小灯从左到右逐个点亮,然后再从右到左逐个点亮。以后按以上规律重复执行亮灯程序。

5. 在实验板上使用 2 个按键小开关(在 P3.6、P3.7)分别控制 2 个 LED 小灯(分别接在 P1.0、P1.1 口)的亮灭,试编写出完整的程序。

6. 使用定时器中断的方法设计一个小灯闪烁电路程序,要求小灯亮灭时间间隔为 1 s。

# 第 2 部分
# 51 系列单片机
# 设计应用实例

# 第7章　实例1　8×8点阵LED字符显示器的设计

8×8点阵LED字符显示器能显示"电子设计"4个文字。显示方式可由开关K1、K2和K3选择，K1为逐字显示，K2为向上滚动显示，K3为向左滚动显示。

## 7.1　系统硬件的设计

本字符显示器采用AT89C52单片机作控制器，12 MHz晶振，8×8点阵共阳LED显示器，其电路如图7.1所示。其中：P0作为字符数据输出口，P2为字符显示扫描输出口，第31脚（$\overline{EA}$）接电源，P1.0～P1.2口分别接开关K1、K2、K3，改变电阻（270 Ω）的大小可改变显示字符的亮度，驱动用9012三极管。

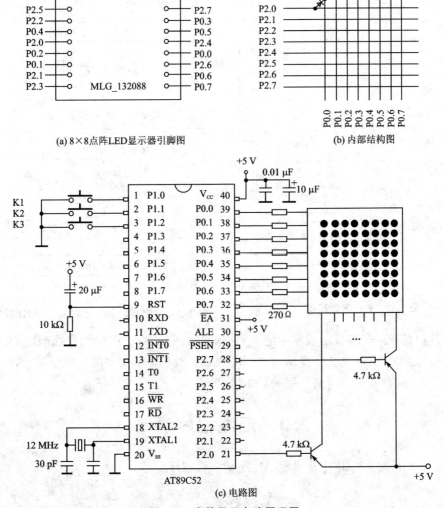

(a) 8×8点阵LED显示器引脚图　　　　(b) 内部结构图

(c) 电路图

**图 7.1　字符显示电路原理图**

## 7.2　系统主要程序的设计

**1. 主程序**

主程序在刚上电时对系统进行初始化,然后读一次键开关状态,由键标志位值(00H、01H、02H)决定显示的方式。主程序流程图如图 7.2 所示。

**2. 初始化程序**

在系统初始化时,对 4 个端口进行复位,将显示用的字符数据从 ROM 表中装入内存单元 50H~6FH 中。"电子设计"中的每个文字占用 8 个地址单元。

**3. 显示程序**

显示程序由显示主程序和显示子程序组成。显示主程序负责每次显示时的显示地址首址(在 B 寄存器中)、每个字的显示时间(由 30H 中的数据决定)和下一个显示地址的间隔(31H 中的数据决定)的处理。显示子程序则负责对指定 8 个地址单元的数据进行输出显示,显示一个完整文字的时间约为 8 ms。在显示子程序中,1 ms 延时程序是用调用键扫描子程序的方法实现的。图 7.3 为逐字显示及向上滚动显示方式时的显示控制程序流程图。

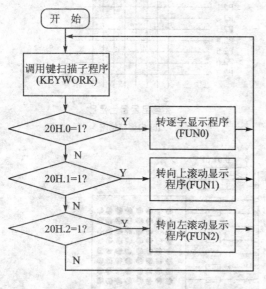

图 7.2　主程序流程图

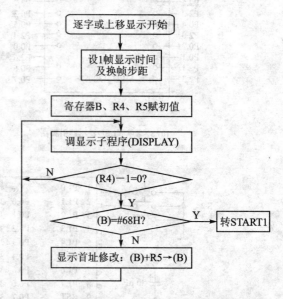

图 7.3　逐字显示及向上滚动显示时的程序流程图

利用键扫描程序代替显示程序中的 1 ms 延时程序,既为了按键的快速响应,又可以提高动态显示的扫描频率,减少文字显示时的闪烁现象。对于多个文字的大屏幕显示,应该使用输出数据缓冲寄存器,才可以得到稳定的显示文字。

## 7.3　汇编程序清单

以下是 8×8 点阵 LED 字符显示器完整的汇编程序清单:

```
;                    * * * * * * * * * * * * * * * * * * * * * *
;                    *        电子屏字符显示器           *
;                    *          "电子设计"              *
;                    * * * * * * * * * * * * * * * * * * * * * *
;
;4 个显示字符数据表放在 50H~6FH 单元内,字符用 8×8 点阵,R4(30H)用于
;控制显示静止字的时间,R5(31H)为静止字显示跳转地址步距,B 内放显示首址
;
;* * * * * * * * * * * *;
;    中断入口程序    ;
;* * * * * * * * * * * *;
;
              ORG     0000H           ;程序执行开始地址
              LJMP    START           ;跳至 START 执行
              ORG     0003H           ;外中断 0 中断入口地址
              RETI                    ;中断返回(不开中断)
              ORG     000BH           ;定时器 T0 中断入口地址
              RETI                    ;中断返回(不开中断)
              ORG     0013H           ;外中断 1 中断入口地址
              RETI                    ;中断返回(不开中断)
              ORG     001BH           ;定时器 T1 中断入口地址
              RETI                    ;中断返回(不开中断)
              ORG     0023H           ;串行口中断入口地址
              RETI                    ;中断返回(不开中断)
              ORG     002BH           ;定时器 T2 中断入口地址
              RETI                    ;中断返回(不开中断)
;
;* * * * * * * * * * * *;
;    初始化程序    ;
;* * * * * * * * * * * *;
CLEARMEN:     MOV     A,#0FFH         ;4 端口置 1
              MOV     P1,A
              MOV     P2,A
              MOV     P3,A
              MOV     P0,A
              MOV     DPTR,#TAB       ;取"电子设计"字符表首址值
              CLR     A
              MOV     21H,A           ;21H~24H 内存单元清 0
              MOV     22H,A
              MOV     23H,A
              MOV     24H,A
              MOV     R3,A            ;R3 寄存器清 0
              MOV     R1,#50H         ;设字符表移入内存单元首址
              MOV     R2,#20H         ;设查表次数(32 次)
```

```
CLLOOP：        MOVC    A,@A+DPTR        ;查表将"电子设计"字符数据移入内存单元
               MOV     @R1,A
               MOV     A,R3
               INC     A
               MOV     R3,A
               INC     R1
               DJNZ    R2,CLLOOP        ;查表 32 次,不到转 CLLOOP 再查
               RET                      ;子程序返回
;
;＊＊＊＊＊＊＊＊＊＊＊＊;
;      主程序      ;
;＊＊＊＊＊＊＊＊＊＊＊＊;
START：         MOV     20H,#00H        ;20H 内存单元清 0
               SETB    00H             ;20H.0 位置 1
START1：        LCALL   CLEARMEN        ;调用上电初始化子程序
               JB      00H,FUN0        ;20H.0 位为 1,执行 FUN0
               JB      01H,FUN1        ;20H.1 位为 1,执行 FUN1
               JB      02H,FUN2        ;20H.2 位为 1,执行 FUN2
               AJMP    START1          ;跳回 START1 循环
;
;＊＊＊＊＊＊＊＊＊＊＊＊;
;    键扫描子程序      ;
;＊＊＊＊＊＊＊＊＊＊＊＊;
KEYWORK：       MOV     P1,#0FFH        ;置输入状态
               JNB     P1.0,KEY1       ;P1.0 为 0(键按下)转 KEY1
               JNB     P1.1,KEY2       ;P1.1 为 0(键按下)转 KEY2
               JNB     P1.2,KEY3       ;P1.2 为 0(键按下)转 KEY3
KEYRET：        RET                     ;无键按下,子程序返回
;按键 1 功能处理
KEY1：          LCALL   DL10MS          ;延时 10 ms 消抖动
               JB      P1.0,KEYRET     ;是干扰,转 KEYRET 结束
               SETB    00H             ;置逐字显示方式标志(20H.0=1)
               CLR     01H
               CLR     02H
               RET                     ;子程序返回
;按键 2 功能处理
KEY2：          LCALL   DL10MS
               JB      P1.1,KEYRET
               SETB    01H             ;置上移显示方式标志(20H.1=1)
               CLR     00H
               CLR     02H
               RET
;按键 3 功能处理
```

```
KEY3:        LCALL   DL10MS
             JB      P1.2,KEYRET
             SETB    02H             ;置左移显示方式标志(20H.2=1)
             CLR     01H
             CLR     00H
             RET
;
;逐字显示功能程序
FUN0:        MOV     30H,#80H        ;1 帧显示时间控制(约 1 s)
             MOV     31H,#08H        ;换帧跳转步距为 8
             LJMP    DISP1           ;转显示子程序 DISP1
;上移显示功能程序
FUN1:        MOV     30H,#0AH        ;1 帧显示时间控制(约 80 ms)
             MOV     31H,#01H        ;换帧跳转步距为 1
             LJMP    DISP1           ;转显示子程序 DISP1
;左移显示功能程序
FUN2:        LJMP    DISP2
;
;* * * * * * * * * * * * ;
;      显示控制程序      ;
;* * * * * * * * * * * * ;
DISP1:       MOV     B,#50H          ;显示数据首址
             MOV     R4,30H          ;放入 1 帧显示时间控制数据
             MOV     R5,31H          ;放入跳转步距控制数据
LOOP:        LCALL   DISPLAY         ;调用显示子程序一次
             DJNZ    R4,LOOP         ;1 帧显示时间未到再转 LOOP 循环
             MOV     R4,30H          ;1 帧显示时间到,重装初值
             MOV     A,B
             CJNE    A,#68H,CONT     ;不是末地址转 CONT
             AJMP    START1          ;是末地址,一次显示结束跳回 START1
CONT:        ADD     A,R5            ;次帧扫描首址调整
             MOV     B,A
             AJMP    LOOP            ;转 LOOP 进行次帧扫描
;
;显示子程序,字符数据从 P0 口输出,扫描控制字从 P2 口输出,显示 1 帧约需 8 ms
DISPLAY:     MOV     A,#0FFH
             MOV     P0,A            ;关显示数据
             MOV     P2,A            ;关扫描
             MOV     R6,#0FEH        ;赋扫描字
             MOV     R0,B            ;赋显示数据首地址
             MOV     R7,#08H         ;一次扫描 8 行
DISLOOP:     MOV     A,@R0           ;取显示数据
             MOV     P0,A            ;放入 P0 口
```

| | MOV | P2,R6 | ;扫描输出(显示某一行) |
|---|---|---|---|
| | LCALL | DL1MS | ;亮 1 ms |
| | INC | R0 | ;指向下一行数据地址 |
| | MOV | A,R6 | ;扫描字移入 A |
| | RL | A | ;循环左移 1 位 |
| | MOV | R6,A | ;放回 R6 |
| | DJNZ | R7,DISLOOP | ;8 行扫描未完转 DISLOOP 继续 |
| | RET | | ;8 行扫描结束 |

;
;左移显示控制程序

| DISP2: | MOV | R5,#32 | ;左移 32 次 |
|---|---|---|---|
| DISP22: | LCALL | DISPP | ;调用左移显示控制子程序 |
| | LCALL | MOVH | ;调用高位移出处理子程序 MOVH |
| | LCALL | MOVH1 | ;调用高位移出处理子程序 MOVH1 |
| | DJNZ | R5,DISP22 | ;左移显示 32 次控制 |
| | LJMP | START1 | ;跳回主程序 |

;
;左移显示控制子程序

| DISPP: | MOV | B,#50H | ;第 1 显示字符首址 |
|---|---|---|---|
| | MOV | R4,#25H | ;1 帧显示时间控制 |
| DISPP1: | LCALL | DISPLAY | ;调用显示子程序 1 次 |
| | DJNZ | R4,DISPP1 | ;1 帧显示时间不到转 DISPP 再循环 |
| | RET | | |

;
;高位移出处理子程序,将"电子设计"4 个字符数据的最高位移出至 21H～24H 单元内

| MOVH: | MOV | R1,#21H | ;最高位移出存放单元首址 |
|---|---|---|---|
| | MOV | R0,#50H | ;"电子设计"字符数据首址 |
| | MOV | R2,#08H | ;每"字"移 8 次 |
| MOV1: | MOV | A,@R0 | ;取"电子设计"字符数据 |
| | CLR | C | ;清进位 C |
| | RLC | A | ;带进位循环左移 |
| | MOV | @R0,A | ;放回原单元 |
| | MOV | A,@R1 | ;存放单元数据入 A |
| | RRC | A | ;带进位循环右移 |
| | MOV | @R1,A | ;放回存放单元 |
| | INC | R0 | ;字符数据地址加 1 |
| | DJNZ | R2,MOV1 | ;移 8 次未完转 MOV1 再移 |
| | MOV | R2,#08H | ;8 次移完赋初值 |
| | INC | R1 | ;存放单元地址加 1 |
| | MOV | A,R1 | ;判断地址是否小于 25H |
| | SUBB | A,#25H | |
| | JZ | OUT | ;等于 25H 退出 |
| | AJMP | MOV1 | ;小于 25H 转 MOV1 继续 |

| OUT: | RET | | ;子程序结束 |
|---|---|---|---|

;
;高位移出处理子程序

| MOVH1: | MOV | A,21H | ;21H 与 22H、23H、24H 单元数据循环交换 |
|---|---|---|---|
| | XCH | A,24H | ;21H 与 24H 全交换 |
| | XCH | A,23H | ;23H 与 24H 全交换 |
| | XCH | A,22H | ;23H 与 22H 全交换 |
| | MOV | 21H,A | ;22H 与 21H 全交换 |
| | MOV | R1,#21H | ;以下是重新组成显示字符数据表程序 |
| | MOV | R0,#50H | ;将 21H~24H 的各位分别移入 50H~6FH 的低位 |
| | MOV | R2,#08H | ;移位次数 |
| MOV2: | MOV | A,@R0 | ;取字符数据 |
| | RR | A | ;右移 |
| | MOV | @R0,A | ;放回原单元 |
| | MOV | A,@R1 | ;取原移出最高位存放单元数 |
| | CLR | C | ;清 C |
| | RRC | A | ;带进位循环右移 |
| | MOV | @R1,A | ;放回原单元 |
| | MOV | A,@R0 | ;取字符数据 |
| | RLC | A | ;带进位循环左移 |
| | MOV | @R0,A | ;放回字符数据 |
| | INC | R0 | ;字符数据地址加 1 |
| | DJNZ | R2,MOV2 | ;8 次未完转 MOV2 再继续 |
| | MOV | R2,#08H | ;8 次完赋初值 |
| | INC | R1 | ;原移出最高位存放单元地址加 1 |
| | MOV | A,R1 | ;判断地址是否小于 25H |
| | SUBB | A,#25H | |
| | JZ | OUT | ;等于 25H 转 OUT 退出 |
| | AJMP | MOV2 | ;小于 25H 转 MOV2 继续 |

;
;1 ms 延时子程序,采用调用扫键子程序延时,可快速读出按钮的状态

| DL1MS: | MOV | R3,#64H | ;100×(10+2) μs |
|---|---|---|---|
| LOOPK: | LCALL | KEYWORK | |
| | DJNZ | R3,LOOPK | |
| | RET | | |

;
;0.5 ms 延时子程序

| DL512: | MOV | R2,#0FFH | |
|---|---|---|---|
| LOOP1: | DJNZ | R2,LOOP1 | |
| | RET | | |

;
;10 ms 延时子程序

| DL10MS: | MOV | R3,#14H | |
|---|---|---|---|

```
LOOP2：        LCALL    DL512
               DJNZ     R3,LOOP2
               RET
;
;"电子设计"显示用 ROM 数据表
TAB：          DB       0EFH,83H,0ABH,83H,0ABH,83H,0EEH,0E0H      ;电
               DB       0FFH,0C7H,0EFH,83H,0EFH,0EFH,0CFH,0EFH    ;子
               DB       0B1H,0B5H,04H,0BFH,0B1H,0B5H,9BH,0A4H     ;设
               DB       0BBH,0BBH,1BH,0A0H,0BBH,0BBH,9BH,0BBH     ;计
               DB       00H,00H,00H,00H
               END                                               ;程序结束
```

# 7.4　C 程序清单

以下是 8×8 点阵 LED 字符显示器完整的 C 程序清单：

```c
/*********************************************************************/
//            实例 1  采用 8×8 点阵 LED 动态显示文字 C 演示程序          //
/*********************************************************************/
//使用 AT89C52 单片机,12 MHz 晶振,P0 口输出一行数据,P2 口作行扫描,共阳 LED 管
//P1 口接 3 个按键,用于逐字显示、向上滚动显示文字和暂停备用
# include "reg51. h"
# define uchar unsigned char
# define uint unsigned int
//
uchar key,keytmp;
uchar code distab[]=
{
/********电子设计 8×8 字模***************/
   0xEF,0x83,0xAB,0x83,0xAB,0x83,0xEE,0xE0,
   0xFF,0xC7,0xEF,0x83,0xEF,0xEF,0xCF,0xEF,
   0xB1,0xB5,0x04,0xBF,0xB1,0xB5,0x9B,0xA4,
   0xBB,0xBB,0x1B,0xA0,0xBB,0xBB,0x9B,0xBB,
   0xFF,0xFF,0xFF,0xFF,0xFF,0xFF,0xFF,0xFF
};
//
uchar code   scan_con[8]=
{0xFE,0xFD,0xFB,0xF7,0xEF,0xDF,0xBF,0x7F};   //列扫描控制字
//
// ************ 按键扫描函数 ************//
void keyscan()
 {
 key=(~P1)&0x0F;                              //读入键值
```

```
    if(key! =0)
    {
      while(((~P1)&0x0F)!=0);                    //等待按键释放
      keytmp=key;                                //键值存放
    }
  }
// ************1 ms 延时程序 ****************//
delay1ms(int t)
{
uint i,j;
for(i=0;i<t;i++)
    for(j=0;j<120;j++)
      keyscan();
}
/ *****************功能程序 ****************/
/ *****************逐字显示 ***************/
fun0()
{
uint m,n,h;
for(h=0;h<32;h=h+8)
  {for(n=0;n<100;n++)
    {for(m=0;m<8;m++)
      {P0=distab[m+h];P2=scan_con[m];delay1ms(1);}
    }
  }
}
/ **************向上滚动显示 ***************/
fun1()
{
uint m,n,h;
for(h=0;h<32;h++)                              //控制显示字数(32÷8=4 个)
  {for(n=0;n<10;n++)                           //控制帧移动速度
    {for(m=0;m<8;m++)                          //显示 1 帧扫描(分 8 行,每行亮 1 ms)
      {P0=distab[m+h];P2=scan_con[m];delay1ms(1);}
    }
  }
}
// **************** 主程序 ******************//
main()
{
keytmp=1;                                      //上电自动演示功能(逐字显示)
while(1)
  {
```

```
    keyscan();
    switch(keytmp)
     {
       case 1:{fun0();break;}
       case 2:{fun1();break;}
       case 4:{keyscan();P0=0xFF;break;}                //备用(暂停,黑屏)
       default:{break;}
     }
  }
}
// ********************结束********************//
```

# 第8章 实例2 8路输入模拟信号数值显示器的设计

本显示器可自动轮流显示8路输入模拟信号的数值,最小分辨率为0.02 V,最大显示数值为255(输入为5 V时),模拟输入最大值为5 V,其程序经适当修改后可作为数字电压表用。

## 8.1 系统硬件电路的设计

如图8.1所示,8路输入模拟信号数值显示电路由A/D转换、数据处理及显示控制等组成。A/D转换由集成电路ADC0809完成。ADC0809具有8路模拟输入端口,地址线(23~25脚)可决定对哪一路模拟输入作A/D转换。22脚为地址锁存控制,当输入为高电平时,对地址信号进行锁存;6脚为测试控制,当输入一个2 μs宽高电平脉冲时,就开始A/D转换;7脚为A/D转换结束标志,当A/D转换结束时,该脚输出高电平;9脚为A/D转换数据输出允许控制,当OE脚为高电平时,A/D转换数据从端口输出;10脚为ADC0809的时钟输入端,利用单片机30脚的六分频晶振信号再通过14024二分频得到。单片机的P1、P3端口作4位LED数码管显示控制,P0端口作A/D转换数据读入用,P2端口用作ADC0809的A/D转换控制。

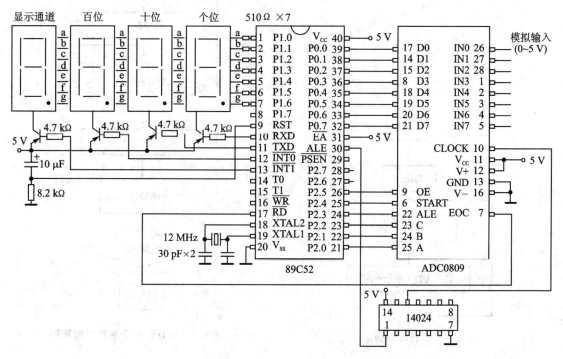

图8.1 8路输入模拟信号数值显示器原理图

## 8.2　系统主要程序的设计

**1. 初始化程序**

系统上电时,将 70H～77H 内存单元清 0,P2 口置 0。

**2. 主程序**

在刚上电时,因 70H～77H 内存单元的数据为 0,则每一通道的数码管显示值都为 000。当进行一次测量后,将显示出每一通道的 A/D 转换值。每个通道的数据显示时间在 1 s 左右。主程序在调用显示程序和测试程之间循环,其流程图如图 8.2 所示。

**3. 显示子程序**

采用动态扫描法实现 4 位数码管的数值显示。测量所得的 A/D 转换数据放在 70H～77H 内存单元中。测量数据在显示时需经过转换成为十进制 BCD 码放在 78H～7BH 中,其中 7BH 存放通道标志数。寄存器 R3 用作 8 路循环控制,R0 用作显示数据地址指针。

**4. 模数转换测量子程序**

模数转换测量子程序是用来控制对 ADC0809 的 8 路模拟输入电压的 A/D 转换,并将对应的数值移入 70H～77H 内存单元,其程序流程如图 8.3 所示。

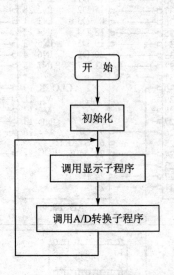

图 8.2　主程序流程图

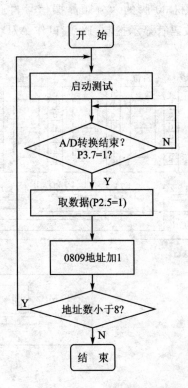

图 8.3　A/D 转换测量程序流程图

# 8.3 汇编程序清单

以下是 8 路输入模拟信号数值显示器完整的汇编程序：

```
;* * * * * * * * * * * * * * * * * * * * * * * * ;
;              8 路模拟数据采集显示电路            ;
;* * * * * * * * * * * * * * * * * * * * * * * * ;
;
;70H～77H 存放采样值,78H～7BH 存放显示数据,依次为个位、十位、百位、通道标志
;
;* * * * * * * * * * * * * * * * * * * * * * * * * * * * * * * * *
;*              主程序和中断程序入口                    *
;* * * * * * * * * * * * * * * * * * * * * * * * * * * * * * * * *
                ORG     0000H           ;程序执行开始地址
                LJMP    START           ;跳至 START 执行
                ORG     0003H           ;外中断 0 中断入口地址
                RETI                    ;中断返回(不开中断)
                ORG     000BH           ;定时器 T0 中断入口地址
                RETI                    ;中断返回(不开中断)
                ORG     0013H           ;外中断 1 中断入口地址
                RETI                    ;中断返回(不开中断)
                ORG     001BH           ;定时器 T1 中断入口地址
                RETI                    ;中断返回(不开中断)
                ORG     0023H           ;串行口中断入口地址
                RETI                    ;中断返回(不开中断)
                ORG     002BH           ;定时器 T2 中断入口地址
                RETI                    ;中断返回(不开中断)
;
;* * * * * * * * * * * * * * * * * * * * * * * * * * * * * * * * *
;*              初始化程序中的各变量                    *
;* * * * * * * * * * * * * * * * * * * * * * * * * * * * * * * * *
CLEARMEMIO: CLR     A
                MOV     P2,A            ;P2 口置 0
                MOV     R0,#70H         ;内存循环清 0(70H～7BH)
                MOV     R2,#0CH
LOOPMEM:        MOV     @R0,A
                INC     R0
                DJNZ    R2,LOOPMEM
                MOV     A,#0FFH
                MOV     P0,A            ;P0、P1、P3 端口置 1
                MOV     P1,A
                MOV     P3,A
```

```
                RET                          ;子程序返回
;
;* * * * * * * * * * * * * * * * * * * * * * * * * * * * *
;*                       主程序                         *
;* * * * * * * * * * * * * * * * * * * * * * * * * * * * *
START:          LCALL    CLEARMEMIO          ;初始化
MAIN:           LCALL    DISPLAY             ;显示数据一次
                LCALL    TEST                ;测量一次
                AJMP     MAIN                ;返回 MAIN 循环
                NOP                          ;PC 值出错处理
                NOP                          ;空操作
                NOP                          ;空操作
                LJMP     START               ;重新复位启动
;
DISPLAY:        MOV      R3,#08H             ;8 路信号循环显示控制
                MOV      R0,#70H             ;显示数据初址(70H～77H)
                MOV      7BH,#00H            ;显示通道路数(0～7)
DISLOOP1:       MOV      A,@R0               ;显示数据转为 3 位十进制 BCD 码存入
                MOV      B,#100              ;7AH、79H、78H 显示单元内
                DIV      AB                  ;显示数据除 100
                MOV      7AH,A               ;商入 7AH
                MOV      A,#10               ;A 放入数 10
                XCH      A,B                 ;余数与数 10 交换
                DIV      AB                  ;余数除 10
                MOV      79H,A               ;商入 79H
                MOV      78H,B               ;余数入 78H
                MOV      R2,#0FFH            ;每路显示时间控制 4 ms×255
DISLOOP2:       LCALL    DISP                ;调 4 位 LED 显示程序
                DJNZ     R2,DISLOOP2         ;每路显示时间控制
                INC      R0                  ;显示下一路
                INC      7BH                 ;通道显示数值加 1
                DJNZ     R3,DISLOOP1         ;8 路显示未完转 DISLOOP1 再循环
                RET                          ;8 路显示完子程序结束
;
;LED 共阳显示子程序,显示内容在 78H～7BH,数据在 P1 输出,列扫描在 P3.0～P3.3 口
DISP:           MOV      R1,#78H             ;赋显示数据单元首址
                MOV      R5,#0FEH            ;扫描字
PLAY:           MOV      P1,#0FFH            ;关显示
                MOV      A,R5                ;取扫描字
                ANL      P3,A                ;开显示
                MOV      A,@R1               ;取显示数据
                MOV      DPTR,#TAB           ;取段码表首址
                MOVC     A,@A+DPTR           ;查显示数据对应段码
```

```
            MOV       P1                    ;段码放入 P1 口
            LCALL     DL1MS                 ;显示 1 ms
            INC       R1                    ;指向下一地址
            MOV       A,P3                  ;取 P3 口扫描字
            JNB       ACC.3,ENDOUT          ;4 位显示完转 ENDOUT 结束
            RL        A                     ;扫描字循环左移
            MOV       R5,A                  ;扫描字放入 R5 暂存
            MOV       P3,#0FFH              ;显示暂停
            AJMP      PLAY                  ;转 PLAY 循环
ENDOUT:     MOV       P3,#0FFH              ;显示结束,端口置 1
            MOV       P1,#0FFH
            RET                             ;子程序返回
;
;LED 数码显示管用共阳段码表,分别对应 0~9,最后一个是"熄灭符"
TAB:        DB        0C0H,0F9H,0A4H,0B0H,99H,92H,82H,0F8H,80H,90H,0FFH
;
;1 ms 延时子程序,LED 显示用
DL1MS:      MOV       R6,#14H
DL1:        MOV       R7,#19H
DL2:        DJNZ      R7,DL2
            DJNZ      R6,DL1
            RET
;
;********************************
;*            模/数转换测量子程序            *
;********************************
TEST:       CLR       A                     ;清累加器 A
            MOV       P2,A                  ;清 P2 口
            MOV       R0,#70H               ;转换值存放首址
            MOV       R7,#08H               ;转换 8 次控制
            LCALL     TESTART               ;启动测试
WAIT:       JB        P3.7,MOVD             ;等 A/D 转换结束信号后转 MOVD
            AJMP      WAIT                  ;P3.7 为 0,等待
;
TESTART:    SETB      P2.3                  ;锁存测试通道地址
            NOP                             ;延时 2 μs
            NOP
            CLR       P2.3                  ;测试通道地址锁存完毕
            SETB      P2.4                  ;启动测试,发开始脉冲
            NOP                             ;延时 2 μs
            NOP
            CLR       P2.4                  ;发启动脉冲完毕
            NOP                             ;延时 4 μs
```

```
                NOP
                NOP
                NOP
                RET                              ;子程序调用结束
;
;取 A/D 转换数据至 70H~77H 内存单元
MOVD:           SETB    P2.5                     ;0809 输出允许
                MOV     A,P0                     ;将 A/D 转换值移入 A
                MOV     @R0,A                    ;放入内存单元
                CLR     P2.5                     ;关闭 0809 输出
                INC     R0                       ;内存地址加 1
                MOV     A,P2                     ;通道地址移入 A
                INC     A                        ;通道地址加 1
                MOV     P2,A                     ;通道地址送 0809
                CLR     C                        ;清进位标志
                CJNE    A,#08H,TESTCON           ;通道地址不等于 8 转 TESTCONT 再测试
                JC      TESTCON                  ;通道地址小于 8 转 TESTCONT 再测试
                CLR     A                        ;大于或等于 8,A/D 转换结束,恢复端口
                MOV     P2,A                     ;P2 口置 0
                MOV     A,#0FFH
                MOV     P0,A                     ;P0 口置 1
                MOV     P1,A                     ;P1 口置 1
                MOV     P3,A                     ;P3 口置 1
                RET                              ;取 A/D 转换数据结束
TESTCON:        LCALL   TESTART                  ;再发测试启动脉冲
                LJMP    WAIT                     ;跳至 WAIT 等待 A/D 转换结束信号
;
                END                              ;程序结束
```

## 8.4  C 程序清单

以下是 8 路输入模拟信号数值显示器完整的 C 程序清单:

```
/*************************************************************************/
//              实例 2  8 路输入模拟信号数值显示电路 C 程序              //
/*************************************************************************/
//使用 AT89C52 单片机,12 MHz 晶振,P0 口读入 AD 值,P2 口作 AD 控制,用共阳 LED 数码管
//P1 口输出段码,P3 口扫描,最高位指示通道(0~7)
# include "reg51. h"
# include "intrins. h"                           //_nop_()延时函数用
# define  ad_con    P2
# define  addata    P0
# define  Disdata   P1
```

```
#define uchar unsigned char
#define uint unsigned int
sbit    ALE=P2^3;                                //锁存地址控制
sbit    START=P2^4;                              //启动一次转换
sbit    OE=P2^5;                                 //0809 输出数据控制
sbit    EOC=P3^7;                                //转换结束标志
//
uchar code dis_7[11]={0xC0,0xF9,0xA4,0xB0,0x99,0x92,0x82,0xF8,0x80,0x90,0xFF};
/* 共阳 LED 段码表"0" "1" "2" "3" "4" "5" "6" "7" "8" "9""不亮" */
char code    scan_con[4]={0xFE,0xFD,0xFB,0xF7};        //列扫描控制字
char data    ad_data[8]={0x00,0x00,0x00,0x00,0x00,0x00,0x00,0x00};
char data    dis[5]={0x00,0x00,0x00,0x00,0x00};       //显示单元数据,共 4 个数据
//
//
/* ***************/
//   1 ms 延时程序   //
/* ***************/
delay1ms(uint t)
{
uint i,j;
for(i=0;i<t;i++)
   for(j=0;j<120;j++)
    ;
}
//
/* **********显示扫描函数 **********/
scan()
{
uchar k,n;
uint h;
dis[3]=0x00;                                    //通道初值为 0
for(n=0;n<8;n++)                                //每次显示 8 个数据
 {
  dis[2]=ad_data[n]/100;                        //测得值转换为 3 位 BCD 码
  dis[4]=ad_data[n]%100;                        //余数暂存
  dis[1]=dis[4]/10;
  dis[0]=dis[4]%10;
  for(h=0;h<500;h++)                            //每个通道值显示时间控制(约 1 s)
  {
    for(k=0;k<4;k++)                            //4 位 LED 扫描控制
    {
      Disdata=dis_7[dis[k]];P3=scan_con[k];delay1ms(1);P3=0xFF;
    }
```

```
      }
   dis[3]++;                                        //通道值加 1
  }
}
//
/******* ADC0809 A/D 转换函数 **********/
test()
{
char m;
char s=0x00;
ad_con=s;
for(m=0;m<8;m++)
  {
   ALE=1;_nop_();_nop_();ALE=0;                      //转换通道地址锁存
   START=1;_nop_();_nop_();START=0;                  //开始转换命令
   _nop_();_nop_();_nop_();_nop_();                  //延时 4 μs
   while(EOC==0);                                    //等待转换结束
   OE=1;ad_data[m]=addata;OE=0;s++;ad_con=s;         //取 AD 值,地址加 1
  }
ad_con=0x00;                                         //控制复位
}
//
/*************主函数 ****************/
main()
{
P0=0xFF;                                             //初始化端口
P2=0x00;
P1=0xFF;
P3=0xFF;
while(1)
  {
   scan();                                           //依次显示 8 个通道值一次
   test();                                           //测量转换一次
  }
}
//******************* 结束 *******************//
```

# 第9章 实例3 单键学习型遥控器的设计

利用单键学习型遥控器可以学习任何遥控器的某个按键功能。单键学习型遥控器采用最小化应用模式设计,电路简单,可靠性高,尤其是通过大量不同遥控码的特征分析,在遥控码的读入时选择了最佳采样频率,使遥控码的学习成功率大大提高。此技术可应用于多媒体教室和家庭集中控制器等设备。使用时先按一下 K,待绿色指示灯亮后,用遥控器对准红外接收头,按某个功能按键,当绿灯灭且红灯亮时说明学习完成,按发射键即可进行遥控。

## 9.1 系统硬件电路的设计

图 9.1 为单键学习型遥控器的电路原理图,其中 P1.0 口接遥控码发射按键;P1.6 口用作状态指示,绿灯亮代表学习状态,绿灯灭表示码已读入;P1.7 口用于指示控制键的操作,闪烁时表示遥控码正在发射之中。9 脚为单片机的复位脚,采用简单的 RC 上电复位电路;12 脚为中断输入口,用于工作方式的转换控制,当 $\overline{INT0}$ 脚为低电平时,系统进入学习状态;14 脚用于红外线接收头的输出信号输入;15 脚作为遥控码的输出口,用于输出40 kHz的遥控码;18、19脚接 12 MHz 晶振。由于采用最小化应用系统,控制线 $\overline{PSEN}$(片外取指控制)、ALE(地址锁存控制)不用,$\overline{EA}$(片外存储器选择)接高电平,使低 8 KB 的 ROM 地址(0000H~1FFFH)指向片内。

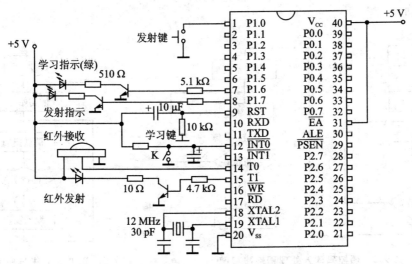

**图 9.1 单键学习型遥控器电路原理图**

## 9.2 系统主要程序的设计

**1. 初始化程序**

初始化程序内容包括 P0、P1、P3 口置 1,P2 口清 0,清 08H~6EH 共 103 个工作寄存器,设置堆栈基址(70H),设置计数器计数模式、控制字和开外中断使能等。

**2. 遥控码读入处理程序**

遥控码读入处理程序可以完成遥控码起始位的识别、脉宽计数功能,完成遥控码编码位的宽度计数功能,完成结束位的认别功能,其流程图如图9.2所示。本程序模块在编程设计中非常重要,通过大量的不同种类的遥控码波形实验测试分析,遥控码的帧间歇位宽度均在10 ms以上,起始位码宽度在 100 $\mu$s～20 ms 之间,编码位宽度在 100 $\mu$s～5 ms 之间。

为确保所有遥控器学习的成功,可采用以下设计方法。

寻找起始位方法:用16位 DPTR 计数器对高电平进行宽度计数,计数采样周期为21 $\mu$s;当高电平结束时,如高8位计数器为非0,则说明高电平宽度超过5.355 ms(21 $\mu$s×255),接下来的低电平码就是起始位;否则重新开始。

读起始位方法:采用16位 DPTR 对低电平进行宽度计数(最大可读宽度为1.376 s),当高电平跳变时结束计数,并将 DPTR 的高8位、低8位分别存入 $R_4$、$R_5$ 寄存器。

读遥控编码的方法:采用 DPTR 低8位计数器对码(高电平或低电平)进行宽度计数,电平跳变时结束计数,并将值存入规定的地址;在高电平码计数时,如果 DPTR 高8位计数器为非0(宽度大于5.355 ms),则判定为结束帧间隔位,在相应存储单元写入数据♯00H 作为结束标志。

**3. 遥控码发送处理程序**

遥控码发送处理程序利用计数器计数中断功能,实现40 kHz载波的发送,利用接收时接收的低电平位时间,控制载波的发送时间。

**4. 主程序**

主程序在上电初始化后进行端口按键扫描,当确认有键按下时,将编码发出去,其流程图如图9.3所示。

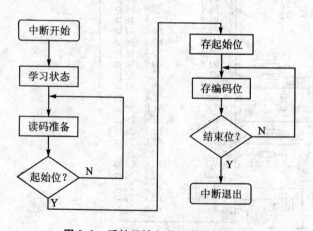

图9.2 遥控码读入处理程序流程图

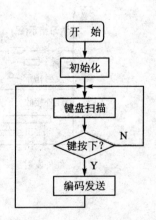

图9.3 主程序流程图

**5. 延时程序**

延时程序主要用于读键时消抖。

# 9.3　电路主要性能指标

(1) 最大学习码长：206 位；

(2) 学习码识别范围：起始位为 21 $\mu$s～1.376 s，编码位为 21 $\mu$s～5.355 ms；

(3) 读码误差：±21 $\mu$s；

(4) 帧间歇位识别范围：小于 1.37 s，大于 5.355 ms。

单键学习型遥控器的设计性能与软件的编写具有密切的关系，特别是码宽计数的采样周期及计数器采用 16 位还是 8 位，都关系到能否识别起始位及遥控码采样精度问题，所以码宽计数的采样周期等在编程时须经多次实验测试后才能决定。本设计中读码采样周期为 21 $\mu$s。

# 9.4　汇编程序清单

以下是单键学习型遥控器完整的汇编程序清单：

```
;              * * * * * * * * * * * * * * * * * * * * * * * * * * * * * * * *
;              *                      单键学习型遥控器                    *
;              * * * * * * * * * * * * * * * * * * * * * * * * * * * * * * * *
;
; * * * * * * * * * * * * * * * * * * * * * * * * * * * * * * * * * * * * * * * * * *
; *                                                                              *
; *                      P1.0    1              40    Vcc                        *
; *                      P1.1    2              39    P0.0                        *
; *                      P1.2    3              38    P0.1                        *
; *                      P1.3    4              37    P0.2                        *
; *                      P1.4    5              36    P0.3                        *
; *                      P1.5    6              35    P0.4                        *
; *          STUDYLAMP   P1.6    7              34    P0.5                        *
; *              LAMP    P1.7    8              33    P0.6                        *
; *              RST     9               32    P0.7                              *
; *       RXD           P3.0    10    80C51    31    EA     VDD                   *
; *       TXD           P3.1    11             30    ALE                          *
; *   STUDYKEY INT0     P3.2    12             29    PSEN                         *
; *           INT1      P3.3    13             28    P2.7                         *
; *   REMOTEIN T0       P3.4    14             27    P2.6                         *
; *   REMOTEOUT T1      P3.5    15             26    P2.5                         *
; *            WR       P3.6    16             25    P2.4                         *
; *            RD       P3.7    17             24    P2.3                         *
; *                    XTAL2    18             23    P2.2                         *
; *                    XTAL1    19             22    P2.1                         *
; *            Vss      20              21    P2.0                               *
; *                                                                              *
; * * * * * * * * * * * * * * * * * * * * * * * * * * * * * * * * * * * * * * * * * *
```

```
;
                SPBASE        EQU       70H          ;堆栈基址
                IEVAL         EQU       00H          ;关所有中断
                MEMBASE       EQU       08H          ;工作寄存器基址
                MEMS          EQU       67H          ;工作寄存器个数
;
                BITNMB        EQU       08H          ;一字节包含 8 位
;
                KEYFUNFLAG    EQU       80H          ;键功能索引
                KEYFUNNMB     EQU       81H          ;键功能号
                KEYFUNRW      EQU       82H          ;遥控信号读/写标志
                READFLAG      EQU       88H          ;读标记
                WITERFLAG     EQU       99H          ;写标记
;
                TMPHADDR      EQU       08H          ;读入高电平存放首址
                TMPLADDR      EQU       90H          ;读入低电平存放首址
                READTIME      EQU       00H          ;读入数据指令时间
                LOWH          EQU       R4           ;起始位存放高地址
                LOWL          EQU       R5           ;起始位存放低地址
                STUDYLAMP     EQU       P1.6         ;学习指示灯
                LAMP          EQU       P1.7         ;未定义指示灯
                STUDYKEY      EQU       P3.2         ;学习键
;
                REMOTEIN      EQU       P3.4         ;遥控输入
                REMOTEOUT     EQU       P3.5         ;遥控输出
                DELAYCONUT    EQU       30H          ;延时值
                DELAYCONUT0   EQU       0FFH         ;延时值
                T1COUNT       EQU       0F3H         ;T1 计数初值
                TMODVAL       EQU       22H          ;计数模式控制字
                TCONVAL       EQU       41H          ;计数控制寄存器值
                PCONVAL       EQU       00H          ;电源控制寄存器值
                T2CONVAL      EQU       00H          ;T2 控制寄存器值
                SCONVAL       EQU       0F8H         ;串口控制寄存器值
                IPVAL         EQU       01H          ;中断优先级控制值
;
;* * * * * * * * * * * * * * * * * * * * * * * * * * * * * *
;*               主程序和中断程序入口                      *
;* * * * * * * * * * * * * * * * * * * * * * * * * * * * * *
                ORG           0000H                  ;程序执行开始地址
                AJMP          START                  ;跳至 START 执行
                ORG           0003H                  ;外中断 0 中断入口地址
                AJMP          INTEX0                 ;跳至 INTEX0 中断服务程序
                ORG           000BH                  ;定时器 T0 中断入口地址
```

```
            RETI                            ;中断返回(不开中断)
            ORG          0013H              ;外中断 1 中断入口地址
            RETI                            ;中断返回(不开中断)
            ORG          001BH              ;定时器 T1 中断入口地址
            AJMP         INTT1              ;跳至 INTT1 中断服务程序
            ORG          0023H              ;串行口中断入口地址
            RETI                            ;中断返回(不开中断)
            ORG          002BH              ;定时器 T2 中断入口地址
            RETI                            ;中断返回(不开中断)
;
;* * * * * * * * * * * * * * * * * * * * * * * * * * * * *
;*              初始化程序中的各变量                  *
;* * * * * * * * * * * * * * * * * * * * * * * * * * * * *
CLEARMEMIO: CLR          A                  ;A 清 0
            DEC          A                  ;A 为 #FFH
            MOV          P0,A               ;P0 口置 1
            MOV          P3,A               ;P3 口置 1
            MOV          P1,A               ;P1 口置 1
            CLR          A                  ;清 A(为 0)
            MOV          P2,A               ;P2 口为 0
            CLR          STUDYLAMP          ;关学习灯
            CLR          LAMP               ;关操作灯
            CLR          REMOTEOUT          ;关遥控码输出
            SETB         REMOTEIN           ;遥控接收为输入状态
            MOV          R0,#MEMBASE        ;清工作寄存器,从 08H 开始
            MOV          R1,#MEMS           ;清内存个数(为 103 个)
CLEARMEM:   MOV          @R0,A              ;清 0 开始
            INC          R0                 ;地址加 1
            DJNZ         R1,CLEARMEM        ;未清完转 CLEARMEM 继续
            MOV          R0,#KEYFUNRW
            MOV          @R0,#READFLAG
            MOV          IE,#IEVAL          ;关所有中断
            MOV          IP,#IPVAL          ;置优先级
            MOV          TMOD,#TMODVAL      ;置计数器模式(8 位自动重装初值模式)
            MOV          PCON,#PCONVAL      ;波特率不加倍
            MOV          SCON,#SCONVAL      ;串口中断不开
            MOV          TH1,#T1COUNT       ;T1 定时器初值(定时值为 13 μs)
            MOV          TL1,#T1COUNT       ;T1 定时器初值
            SETB         EX0                ;允许外中断 0 中断
            SETB         EA                 ;开总中断允许
            RET                             ;子程序结束
;
```

```
;**********************************
;*                主程序                    *
;**********************************
START：        MOV        SP,#SPBASE         ;设堆栈基地(70H)
               LCALL      CLEARMEMIO         ;调用上电初始化子程序
;主程序
MAIN：         LCALL      KEYWORK            ;调用读键子程序
               LJMP       MAIN              ;跳回 MAIN 循环
               NOP                          ;PC 值出错处理
               NOP                          ;空操作
               NOP
               LJMP       START             ;重新初始化
;
;**********************************
;*              T1 中断服务程序                *
;**********************************
INTT1：        CPL        REMOTEOUT         ;40 kHz 方波输出(红外线调制波)
               RETI                         ;中断返回
;
;**********************************
;*              载波合成                       *
;**********************************
REMOTETX：     MOV        R0,#TMPHADDR       ;取遥控码高电平存放首址
               MOV        R1,#TMPLADDR       ;取遥控码低电平存放首址
               SETB       LAMP              ;开操作灯
               MOV        A,R4              ;起始位高 8 位放入 A
               MOV        R3,A              ;放入 R3 暂存
               JZ         LOWBACK           ;高 8 位为 0 转 LOWBACK 处理低 8 位
               CLR        A                 ;高 8 位非 0 处理
               DEC        A                 ;A 为 #FFH
LOWBACKTMP：MOV           R2,A              ;起始位复原,R2 赋初值
LOWBACKTMP0：SETB         TR1               ;开启 T1
               SETB       ET1               ;允许 T1 中断
               NOP                          ;用空操作延时
               NOP
               NOP
               NOP
               NOP
               NOP
               DJNZ       R2,LOWBACKTMP0     ;计数值每减 1 循环时间约为 21 μs
               DJNZ       R3,LOWBACKTMP      ;高 8 位计数值不为 0 转
                                            ;LOWBACKTMP
LOWBACK：      MOV        A,R5              ;起始位低 8 位处理
```

|  | MOV | R2,A | ;起始位低 8 位数放入 R2 暂存 |
|---|---|---|---|
| LOWBACKTMP1: | SETB | TR1 | ;开启 T1 |
|  | SETB | ET1 | ;允许 T1 中断 |
|  | NOP |  | ;用空操作延时 |
|  | NOP |  |  |
|  | NOP |  |  |
|  | NOP |  |  |
|  | NOP |  |  |
|  | NOP |  |  |
|  | DJNZ | R2,LOWBACKTMP1 | ;低 8 位计数值不为 0 转<br>;LOWBACKTMP1 |
| TMP0: | MOV | A,@R0 | ;高电平处理开始,取高电平数据 |
|  | MOV | R2,A | ;放入 R2 |
| TMP1: | CLR | TR1 | ;关闭 T1 |
|  | CLR | ET1 | ;关闭 T1 中断允许(关 40 kHz 红<br>;外线) |
|  | CLR | REMOTEOUT | ;关遥控输出 |
|  | NOP |  | ;空操作延时 |
|  | NOP |  |  |
|  | NOP |  |  |
|  | NOP |  |  |
|  | NOP |  |  |
|  | NOP |  |  |
|  | NOP |  |  |
|  | NOP |  |  |
|  | NOP |  |  |
|  | NOP |  |  |
|  | NOP |  |  |
|  | NOP |  |  |
|  | NOP |  |  |
|  | NOP |  |  |
|  | NOP |  |  |
|  | DJNZ | R2,TMP1 | ;R2 每减 1 循环时间约为 21 $\mu$s |
|  | INC | R0 | ;指向下一高电平数据地址 |
| TMPP: | MOV | A,@R1 | ;取低电平数据 |
|  | MOV | R2,A | ;放入 R2 |
| TMP2: | SETB | TR1 | ;低电平处理,开定时器 T1 |
|  | SETB | ET1 | ;开 T1 中断 |
|  | NOP |  | ;空操作延时 |
|  | NOP |  |  |
|  | NOP |  |  |
|  | NOP |  |  |
|  | NOP |  |  |

```
            NOP
            DJNZ        R2,TMP2             ;减 1 不为 0 转 TMP2 循环(周期为
                                            ;21 μs)
            INC         R1                  ;指向下一低电平数据
            MOV         A,@R1               ;取数据
            JZ          OUT                 ;为 0 转 OUT 退出
            AJMP        TMP0                ;不为 0 转 TMP0 执行
OUT：       CLR         TR1                 ;退出程序,关 T1
            CLR         ET1                 ;关 T1 中断
            CLR         LAMP                ;关操作灯
            CLR         REMOTEOUT           ;关遥控输出
            RET                             ;返回
;
;* * * * * * * * * * * * * * * * * * * * * * * * * * * * * * * *
;*          遥控数据读取 INT0 中断程序            *
;*          高电平存 TMPHADDR 为首址 RAM          *
;*          低电平存 TMPLADDR 为首址 RAM          *
;* * * * * * * * * * * * * * * * * * * * * * * * * * * * * * * *
INTEX0：    CLR         ET1                 ;关 T1 中断允许
            CLR         TR1                 ;关定时器 T1
            CLR         EX0                 ;关外中断 0
            CLR         EA                  ;关中断总允许
            SETB        STUDYLAMP           ;开学习状态指示灯
            CLR         LAMP                ;关操作灯
            MOV         R0,＃TMPHADDR        ;高电平首址放入 R0(07H)
            MOV         R1,＃TMPLADDR        ;低电平首址放入 R1(90H)
            CLR         A                   ;A 清 0
            MOV         DPH,A               ;DPTR 寄存器清 0
            MOV         DPL,A
READHEAD：   JNB         REMOTEIN,READDATA   ;寻 找 起 始 位。当 输 入 为 0 时 转
                                            ;READDATA
            INC         DPTR                ;输入为高电平时对 DPTR 循环计数
            NOP                             ;空操作延时,循环周期约为 21 μs
            NOP
            NOP
            NOP
            NOP
            NOP
            NOP
            NOP
            NOP
            NOP
            NOP
```

```
                NOP
                NOP
                NOP
                NOP
                AJMP    READHEAD                ;跳回循环
;判断是不是遥控码起始位
READDATA:       CJNE    A,DPH,READDATA00        ;DPTR 高 8 位不为 0,是起始位
                MOV     DPH,A                   ;DPTR 高 8 位为 0,不是起始位
                MOV     DPL,A                   ;DPTR 清 0
                AJMP    READHEAD                ;重新寻找起始位
;
READDATA00:     CLR     A                       ;处理起始位开始,清 A
                MOV     DPH,A                   ;DPTR 计数器清 0
                MOV     DPL,A
READLOOP01:     JB      REMOTEIN,READDATA02     ;读起始位,高电平时转
                                                ;READDATA02
                INC     DPTR                    ;低电平时对 DPTR 循环计数
                NOP                             ;空操作延时
                NOP
                NOP
                NOP
                NOP
                NOP
                NOP
                NOP
                NOP
                NOP
                NOP
                NOP
                NOP
                NOP
                NOP
                AJMP    READLOOP01              ;循环,周期约为 21 μs
;
·READDATA02:    CLR     LAMP                    ;关操作灯
                MOV     R4,DPH                  ;存起始位(高 8 位入 R4)
                MOV     R5,DPL                  ;存起始位(低 8 位入 R5)
                MOV     DPH,#00H                ;清 0
                MOV     DPL,#READTIME           ;放入校正值(本设计没校正,值为 0)
                AJMP    READLOOP1               ;转 READLOOP1 处理高电平程序
;
READDATA1:      SETB    LAMP                    ;存高电平数据程序,开操作灯
                MOV     @R0,DPL                 ;存入高电平数据(地址在 08H~
```

|  |  |  | ;6FH) |
| --- | --- | --- | --- |
|  | INC | R0 | ;指向下一地址 |
|  | MOV | DPL,＃READTIME | ;放入校正值(本设计没校正,值为 0) |
|  | MOV | DPH,＃00H | ;清 0 |
| READLOOP0: | JB | REMOTEIN,READDATA2 | ;读低电平程序,高电平时转 |
|  |  |  | ;READDATA2 |
|  | INC | DPTR | ;低电平时对 DPTR 循环计数 |
|  | NOP |  | ;空操作延时,循环延时周期为 21 μs |
|  | NOP |  |  |
|  | NOP |  |  |
|  | NOP |  |  |
|  | NOP |  |  |
|  | NOP |  |  |
|  | NOP |  |  |
|  | NOP |  |  |
|  | NOP |  |  |
|  | NOP |  |  |
|  | NOP |  |  |
|  | NOP |  |  |
|  | NOP |  |  |
|  | NOP |  |  |
|  | NOP |  |  |
|  | NOP |  |  |
|  | AJMP | READLOOP0 | ;延时循环控制 |
| ; |  |  |  |
| READDATA2: | CLR | LAMP | ;存低电平数据程序,关操作灯 |
|  | MOV | @R1,DPL | ;存低电平数据(地址在 90H～F7H) |
|  | INC | R1 | ;地址加 1 |
|  | MOV | DPL,＃READTIME | ;计数校正(本设计没校正,值为 0) |
|  | MOV | DPH,＃00H | ;清 0 |
| READLOOP1: | JNB | REMOTEIN,READDATA3 | ;读高电平程序,为 0 时转 |
|  |  |  | ;READDATA3 |
|  | INC | DPTR | ;高电平时对 DPTR 循环计数 |
|  | NOP |  | ;空操作延时,循环周期为 21 μs |
|  | NOP |  |  |
|  | NOP |  |  |
|  | NOP |  |  |
|  | NOP |  |  |
|  | NOP |  |  |
|  | NOP |  |  |
|  | NOP |  |  |
|  | NOP |  |  |
|  | NOP |  |  |
|  | NOP |  |  |

```
                NOP
                NOP
                NOP
                NOP
                AJMP    READLOOP1               ;循环控制
;
READDATA3：     CLR     A
                CJNE    A,DPH,READDATA4         ;DPH 不为 0 转 READDATA4（码读完）
                AJMP    READDATA1               ;转 READDATA1（存高电平数据）
READDATA4：     MOV     @R0,A                   ;放结束标志数据
                MOV     @R1,A                   ;放结束标志数据
;
                SETB    LAMP                    ;开操作灯
                CLR     STUDYLAMP               ;关学习灯
                SETB    REMOTEIN                ;遥控输入状态
READEND：       JNB     STUDYKEY,READEND        ;等待键释放
                SETB    EX0                     ;开外中断
                SETB    EA                      ;开总中断使能
                RETI                            ;中断返回
;
;* * * * * * * * * * * * * * * * * * * * * * * * * * *
;*                   键工作子程序                     *
;* * * * * * * * * * * * * * * * * * * * * * * * * * *
KEYWORK：       SETB    P1.0                    ;置 P1.0 口为输入状态
                JNB     P1.0,KEY0               ;为 0 转 KEY0
KEYOUT：        RET                             ;无键按下,返回
;
KEY0：          LCALL   DL10MS                  ;延时去抖动
                JB      P1.0,KEYOUT             ;是干扰转 KEYOUT 返回
                LJMP    REMOTETX                ;有键按下,转 REMOTETX 发射遥控码
;
;* * * * * * * * * * * * * * * * * * * * * * * * * * *
;*                延时程序(513 μs)                    *
;* * * * * * * * * * * * * * * * * * * * * * * * * * *
DELAY：         MOV     R0,#DELAYCONUT0         ;(#0FFH)
DELAY1：        DJNZ    R0,DELAY1
                RET
;
;* * * * * * * * * * * * * * * * * * * * * * * * * * *
;*                 延时约 25 ms                       *
;* * * * * * * * * * * * * * * * * * * * * * * * * * *
DL10MS：        MOV     R1,#DELAYCONUT          ;(#30H)
DL10MS1：       LCALL   DELAY
```

```
            DJNZ    R1,DL10MS1
            RET
;

            END                                        ;程序结束
```

# 9.5  C 程序清单

以下是单键学习型遥控器完整的 C 程序清单：

```
/********************************************************************/
//                          remote. c                            //
//                    实例 3  学习型遥控器                        //
/********************************************************************/
//使用 AT89C52 单片机,12 MHz 晶振
//
# pragma src(E:\remote. asm)
# include "reg51. h"
# include "intrins. h"                              //_nop_()延时函数用
//
# define uchar unsigned char
# define uint unsigned int
//
sbit    studylamp=P1^6;                              //学习状态指示灯
sbit    lamp=P1^7;                                   //发射指示灯
sbit    studykey=P3^2;                               //学习键(中断口)
sbit    remotein=P3^4;                               //遥控信号输入口
sbit    remoteout=P3^5;                              //遥控输出口
sbit    txkey=P1^0;                                  //发射键
//
uint i,j,m=255,n,k,s;
uchar idata   remotedata[206];                       //存脉冲宽度数据用
uint    head;                                        //存起始位用
uint    remdata;
//
/*********1 ms 延时程序**********/
delay1ms(uint t)
{
for(i=0;i<t;i++)
    for(j=0;j<120;j++)
    ;
}
//
/***********初始化函数**********/
clearmen()
```

```
{
studylamp=0;                                        //关学习灯
lamp=0;                                             //关发射指示
remoteout=0;                                        //关遥控输出
remotein=1;
for(i=0;i<206;i++)                                  //清内存
{remotedata[i]=0x00;}
IE=0x00;
IP=0x01;
TMOD=0x22;                                          //8 位自动重装模式
PCON=0x00;
TH1=0xF3;                                           //40 kHz 初值
TL1=0xF3;
IT0=1;
EX0=1;                                              //外部中断使能
EA=1;                                               //开总中断
}
//
/**********键功能函数************/
keywork()
{
 if(txkey==0)
 {
    while(txkey==0);                                //等待键释放
    ET1=1;TR1=1;                                    //发起始位
    for(i=head;i>0;i--){;}
    remoteout=0;ET1=0;TR1=0;
    n=0;
    while(1)
    {
    if(remotedata[n]==0x00){delay1ms(10);break;}    //数据为 0 结束
    for(i=remotedata[n];i>0;i--){_nop_();_nop_();_nop_();_nop_();_nop_();_nop_();_
nop_();_nop_();_nop_();}
    lamp=~lamp;n++;                                 //偶地址不发脉冲
//
    ET1=1;TR1=1;                                    //奇地址发调制脉冲
    for(i=remotedata[n];i>0;i--){;}
    remoteout=0;ET1=0;TR1=0;n++;
    }
  }
}
//
/***********主函数**************/
main()
```

```
{
clearmen();                                        //初始化
while(1)
 {
  keywork();                                       //按键扫描
  }
}
//
/**********40 kHz 发生器***********/
//定时中断 T1
void time_intt1(void) interrupt 3
{
 remoteout=~remoteout;
}
//
/***********学习函数***********/
//外部中断 0
void intt0(void) interrupt 0
{
ET1=0;TR1=0;EX0=0;EA=0;
head=0;studylamp=1;lamp=0;
while(studykey==0);                                //等待键释放
while(remotein==1);                                //等待遥控码输入
head=0;                                            //读入起始位
while(remotein==0){_nop_();_nop_();_nop_();_nop_();_nop_();_nop_();_nop_();_nop_();_nop
_();_nop_();_nop_();_nop_();_nop_();_nop_();_nop_();head++;}
n=0;remdata=0x0000;
while(1)
    {
while(remotein==1){_nop_();_nop_();_nop_();_nop_();_nop_();_nop_();_nop_();_nop_();_nop
_();_nop_();_nop_();_nop_();_nop_();_nop_();_nop_();remdata++;}
       if(remdata>m)                               //高电平大于 5 ms 退出
       {remotedata[n]=0x00;EX0=1;EA=1;goto end;}
       remotedata[n]=remdata;n++;                  //存高电平脉宽数据
       remdata=0x0000;                             //脉宽计数器清 0
while(remotein==0){_nop_();_nop_();_nop_();_nop_();_nop_();_nop_();_nop_();_nop_();_nop
_();_nop_();_nop_();_nop_();_nop_();_nop_();_nop_();remdata++;}   //低电平计数
       remotedata[n]=remdata;n++;remdata=0x00;      //存低电平脉宽数据
    }
end: lamp=1;studylamp=0;
}
//*****************结束********************//
```

# 第 10 章　实例 4　15 路电器遥控器的设计

用单片机制作的 15 路电器遥控器,可以分别控制 15 个电器的电源开关,并且可对一路电灯进行亮度的遥控。该遥控器采用脉冲个数编码,4×8 键盘开关,可扩充到对 32 个电器的控制。

## 10.1　系统硬件电路的设计

图 10.1 为该系统遥控发射器电路原理图,其中 P1 口和 P0 口作键扫描端口,具有 32 个功能操作键;9 脚为单片机的复位脚,采用简单的 RC 上电复位电路;15 脚作为红外线遥控码的输出口,用于输出 40 kHz 载波编码;18、19 脚接 12 MHz 晶振。P0 口需接上拉电阻。

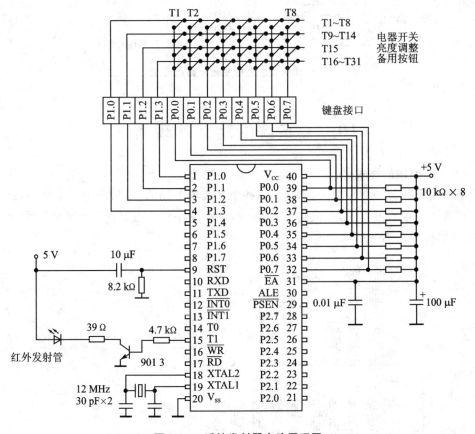

**图 10.1　遥控发射器电路原理图**

图 10.2 为该系统遥控接收器电路原理图,其中 P1.1~P1.2 口作为数码管的二进制数据输出,显示数字为 0~7,7 代表最亮,0 代表最暗,采用 4511 集成块硬件译码显示数值;P0.0~P0.7 以及 P2.0~P2.6 口作为 15 个电器的电源控制输出,接口可以用继电器或可控硅,在本电路中,P2.0 口控制一个电灯的亮/灭;P2.7 口为可控硅调光灯的调光脉冲输出;第 10 脚 P3.0 口为 50 Hz 交流市电相位基准输入,第 12 脚为中断输入口;第 11 脚 P3.1 口用于接收红

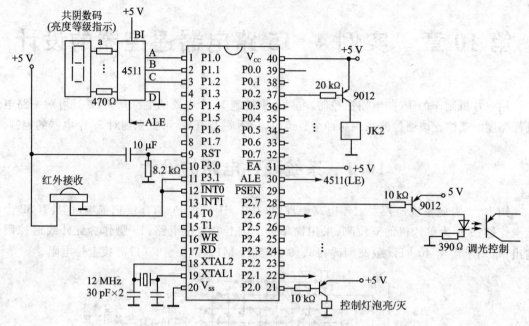

图 10.2　遥控接收器电路原理图

外遥控码输入信号。

# 10.2　系统的功能实现方法

### 1. 遥控码的编码格式

该遥控器采用脉冲个数编码,不同的脉冲个数代表不同的码,最小为 2 个脉冲,最大为 17 个脉冲。为了使接收可靠,第 1 位码宽为 3 ms,其余为 1 ms,遥控码数据帧间隔大于 10 ms。P3.5 端口输出的编码波形图如图 10.3 所示。

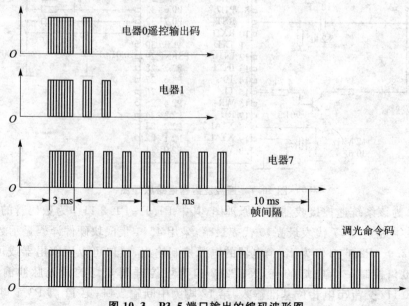

图 10.3　P3.5 端口输出的编码波形图

**2. 遥控码的发射**

当某个操作按键按下时,单片机先读出键值,然后根据键值设定遥控码的脉冲个数,再调制成 40 kHz 方波由红外线发光管发射出去。P3.5 端口的输出调制波如图 10.3 所示。

**3. 数据帧的接收处理**

当红外线接收器输出脉冲帧数据时,第 1 位码的低电平将启动中断程序,实时接收数据帧。在数据帧接收时,将对第 1 位(起始位)码的码宽进行验证。若第 1 位低电平码的脉宽小于 2 ms,将作为错误码处理。当间隔位的高电平脉宽大于 3 ms 时,结束接收,然后根据累加器 A 中的脉冲个数,执行相应输出口的操作。图 10.4 为红外线接收器输出的一帧遥控码波形图。

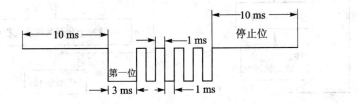

**图 10.4  红外线接收器输出的一帧遥控码波形图**

# 10.3  遥控发射及接收控制程序流程图

遥控发射及接收控制流程图如图 10.5 和图 10.6 所示。

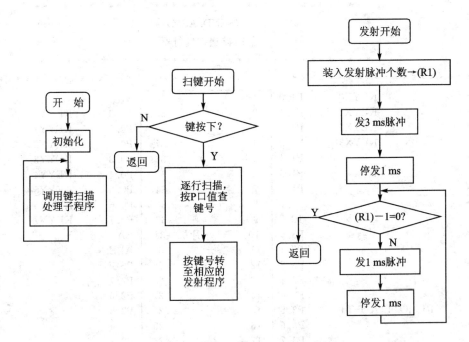

**图 10.5  遥控发射器程序流程图**

采用红外线遥控方式时,由于受遥控距离、角度等影响,使用效果不是很好。如果采用调频或调幅发射接收编码,可提高遥控距离,并且没有角度影响。

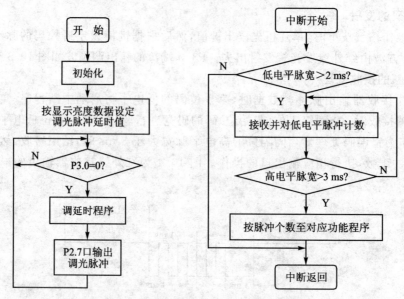

图 10.6　遥控接收器主程序、中断程序流程图

# 10.4　汇编程序清单

以下是 15 路红外发射遥控器及接收器完整的汇编程序清单：

```
;              * * * * * * * * * * * * * * * * * * * * * * * * * * * *
;              *                    (SEND. ASM)                    *
;              *                15 路遥控发射器                     *
;              * * * * * * * * * * * * * * * * * * * * * * * * * * * *
; * * * * * * * * * * * * * * * * * * * * * * * * * * * * * * * * * * * * * * *
; *        KEYX0      P1.0   1        40   Vcc                            *
; *        KEYX1      P1.1   2        39   P0.0    KEYY0                   *
; *        KEYX2      P1.2   3        38   P0.1    KEYY1                   *
; *        KEYX3      P1.3   4        37   P0.2    KEYY2                   *
; *                   P1.4   5        36   P0.3    KEYY3                   *
; *                   P1.5   6        35   P0.4    KEYY4                   *
; *                   P1.6   7        34   P0.5    KEYY5                   *
; *                   P1.7   8        33   P0.6    KEYY6                   *
; *                   RST    9        32   P0.7    KEYY7                   *
; *                   P3.0   10  51单片机 31   EA      VDD                 *
; *                   P3.1   11       30   ALE                            *
; *                   P3.2   12       29   PSEN                           *
; *                   P3.3   13       28   P2.7                           *
; *                   P3.4   14       27   P2.6                           *
; * REMOTEOUT T1      P3.5   15       26   P2.5                           *
; *                   P3.6   16       25   P2.4                           *
; *                   P3.7   17       24   P2.3                           *
; *                   XTAL2  18       23   P2.2                           *
; *                   XTAL1  19       22   P2.1                           *
; *                   Vss    20       21   P2.0                           *
; * * * * * * * * * * * * * * * * * * * * * * * * * * * * * * * * * * * * * * *
```

```
;
;伪定义
        KEYX0       EQU     P1.0                ;P1.0～P1.3 位键盘行扫描
        KEYX1       EQU     P1.1                ;本系统采用 4×8 键盘阵列
        KEYX2       EQU     P1.2
        KEYX3       EQU     P1.3
        KEYY        EQU     P0                  ;P0 口键盘列扫描
;
;* * * * * * * * * * * * * * * * * * * * * * * * * * * *
;*              主程序和中断程序入口                    *
;* * * * * * * * * * * * * * * * * * * * * * * * * * * *
        ORG     0000H                   ;程序执行开始地址
        AJMP    START                   ;跳至 START 执行
        ORG     0003H                   ;外中断 0 中断入口地址
        RETI                            ;中断返回(不开中断)
        ORG     000BH                   ;定时器 T0 中断入口地址
        RETI                            ;中断返回(不开中断)
        ORG     0013H                   ;外中断 1 中断入口地址
        RETI                            ;中断返回(不开中断)
        ORG     001BH                   ;定时器 T1 中断入口地址
        LJMP    INTT1                   ;跳至 INTT1 中断服务程序
        ORG     0023H                   ;串行口中断入口地址
        RETI                            ;中断返回(不开中断)
        ORG     002BH                   ;定时器 T2 中断入口地址
        RETI                            ;中断返回(不开中断)
;
;* * * * * * * * * * * * * * * * * * * * * * * * * * * * * * *
;*                  初始化程序                          *
;* * * * * * * * * * * * * * * * * * * * * * * * * * * * * * *
CLEARMEMIO:     CLR     A               ;A 清 0
                DEC     A               ;A 为 #0FFH
                MOV     P0,A            ;P0～P3 口置 1
                MOV     P1,A
                MOV     P2,A
                MOV     P3,A
                CLR     P3.5            ;关遥控输出
CLEARMEM:       MOV     IE,#00H         ;关所有中断
                MOV     IP,#01H         ;设优先级
                MOV     TMOD,#22H       ;8 位自动重装初值模式
                MOV     TH1,#0F3H       ;定时为 13 μs 初值
                MOV     TL1,#0F3H
                SETB    EA              ;开总中断允许
                RET                     ;返回
```

```
;
;* * * * * * * * * * * * * * * * * * * * * * * * * * * * * * *
;*                    主程序                           *
;* * * * * * * * * * * * * * * * * * * * * * * * * * * * * * *
START:          MOV     SP,#70H           ;设堆栈基址为 70H
                LCALL   CLEARMEMIO        ;调用初始化子程序
;
MAIN:           LCALL   KEYWORK           ;主体程序。调用查键子程序
                LJMP    MAIN              ;转 MAIN 循环
                NOP                       ;PC 值出错处理
                NOP
                NOP
                LJMP    START             ;重新初始化
;
;* * * * * * * * * * * * * * * * * * * * * * * * * * * * * * *
;*          T1 中断服务程序                            *
;* * * * * * * * * * * * * * * * * * * * * * * * * * * * * * *
INTT1:          CPL     P3.5              ;40 kHz 红外线遥控信号产生
                RETI                      ;中断返回
;
;* * * * * * * * * * * * * * * * * * * * * * * * * * * * * * *
;*        键盘工作子程序(4×8 阵列)                     *
;*        出口为各键工作程序入口                        *
;* * * * * * * * * * * * * * * * * * * * * * * * * * * * * * *
KEYWORK:        MOV     KEYY,#0FFH        ;置列线输入状态
                CLR     KEYX0             ;行线(P1 口)全置 0
                CLR     KEYX1
                CLR     KEYX2
                CLR     KEYX3
                MOV     A,KEYY            ;读入 P0 口值
                MOV     B,A               ;KEYY 口值暂存 B 中
                CJNE    A,#0FFH,KEYHIT    ;不等于#0FFH,转 KEYHIT(有键按下)
KEYOUT:         RET                       ;没有键按下返回
;
KEYHIT:         LCALL   DL10MS            ;延时去抖动
                MOV     A,KEYY            ;再读入 P0 口值至 A
                CJNE    A,B,KEYOUT        ;A 不等于 B(是干扰),子程序返回
                SETB    KEYX1             ;有键按下,找键号开始,查第 0 行
                SETB    KEYX2
                SETB    KEYX3
                MOV     A,KEYY            ;读入 P0 口值
                CJNE    A,#0FFH,KEYVAL0   ;P0 口不等于#0FFH,按下键在第 0 行
                SETB    KEYX0             ;不在第 0 行,开始查第 1 行
```

```
                CLR     KEYX1
                MOV     A,KEYY              ;读入 P0 口值
                CJNE    A,#0FFH,KEYVAL1    ;P0 口不等于#0FFH,按下键在第 1 行
                SETB    KEYX1              ;不在第 1 行,开始查第 2 行
                CLR     KEYX2
                MOV     A,KEYY              ;读入 P0 口值
                CJNE    A,#0FFH,KEYVAL2    ;P0 口不等于#0FFH,按下键在第 2 行
                SETB    KEYX2              ;不在第 2 行,开始查第 3 行
                CLR     KEYX3
                MOV     A,KEYY              ;读入 P0 口值
                CJNE    A,#0FFH,KEYVAL3    ;P0 口不等于#0FFH,按下键在第 3 行
                LJMP    KEYOUT             ;不在第 3 行,子程序返回
;
KEYVAL0:        MOV     R2,#00H            ;按下键在第 0 行,R2 赋行号初值 0
                LJMP    KEYVAL4            ;跳到 KEYVAL4
;
KEYVAL1:        MOV     R2,#08H            ;按下键在第 1 行,R2 赋行号初值 8
                LJMP    KEYVAL4            ;跳到 KEYVAL4
;
KEYVAL2:        MOV     R2,#10H            ;按下键在第 2 行,R2 赋行号初值 16
                LJMP    KEYVAL4            ;跳到 KEYVAL4
;
KEYVAL3:        MOV     R2,#18H            ;按下键在第 3 行,R2 赋行号初值 24
                LJMP    KEYVAL4            ;跳到 KEYVAL4
;
KEYVAL4:        MOV     DPTR,#KEYVALTAB    ;键值翻译成连续数字
                MOV     B,A                ;P0 口值暂存 B 内
                CLR     A                  ;清 A
                MOV     R0,A               ;清 R0
KEYVAL5:        MOV     A,R0               ;查列号开始,R0 数据放入 A
                SUBB    A,#08H             ;A 中数减 8
                JNC     KEYOUT             ;借位 C 为 0,查表出错,返回
                MOV     A,R0               ;查表次数小于 8,继续查
                MOVC    A,@A+DPTR          ;查列号表
                INC     R0                 ;R0 加 1
                CJNE    A,B,KEYVAL5        ;查得值和 P0 口值不等,转 KEYVAL5
                                           ;再查
                DEC     R0                 ;查得值和 P0 口值相等,R0 减 1
                MOV     A,R0               ;放入 A(R0 中数值即为列号值)
                ADD     A,R2               ;与行号初值相加成为键号值(0~31)
                MOV     B,A                ;键号乘 3 处理用于 JMP 散转指令
                RL      A                  ;键号乘 3 处理用于 JMP 散转指令
                ADD     A,B                ;键号乘 3 处理用于 JMP 散转指令
```

```
        MOV    DPTR,#KEYFUNTAB  ;取散转功能程序(表)首址
        JMP    @A+DPTR          ;散转至对应功能程序标号
KEYFUNTAB:  LJMP   KEYFUN00          ;跳到键号 0 对应功能程序标号
        LJMP   KEYFUN01          ;跳到键号 1 对应功能程序标号
        LJMP   KEYFUN02          ;跳到键号 2 对应功能程序标号
        LJMP   KEYFUN03          ;跳到键号 3 对应功能程序标号
        LJMP   KEYFUN04          ;跳到键号 4 对应功能程序标号
        LJMP   KEYFUN05          ;跳到键号 5 对应功能程序标号
        LJMP   KEYFUN06          ;跳到键号 6 对应功能程序标号
        LJMP   KEYFUN07          ;跳到键号 7 对应功能程序标号
        LJMP   KEYFUN08          ;跳到键号 8 对应功能程序标号
        LJMP   KEYFUN09          ;跳到键号 9 对应功能程序标号
        LJMP   KEYFUN10          ;跳到键号 10 对应功能程序标号
        LJMP   KEYFUN11          ;跳到键号 11 对应功能程序标号
        LJMP   KEYFUN12          ;跳到键号 12 对应功能程序标号
        LJMP   KEYFUN13          ;跳到键号 13 对应功能程序标号
        LJMP   KEYFUN14          ;跳到键号 14 对应功能程序标号
        LJMP   KEYFUN15          ;跳到键号 15 对应功能程序标号
        LJMP   KEYFUN16          ;跳到键号 16 对应功能程序标号
        LJMP   KEYFUN17          ;跳到键号 17 对应功能程序标号
        LJMP   KEYFUN18          ;跳到键号 18 对应功能程序标号
        LJMP   KEYFUN19          ;跳到键号 19 对应功能程序标号
        LJMP   KEYFUN20          ;跳到键号 20 对应功能程序标号
        LJMP   KEYFUN21          ;跳到键号 21 对应功能程序标号
        LJMP   KEYFUN22          ;跳到键号 22 对应功能程序标号
        LJMP   KEYFUN23          ;跳到键号 23 对应功能程序标号
        LJMP   KEYFUN24          ;跳到键号 24 对应功能程序标号
        LJMP   KEYFUN25          ;跳到键号 25 对应功能程序标号
        LJMP   KEYFUN26          ;跳到键号 26 对应功能程序标号
        LJMP   KEYFUN27          ;跳到键号 27 对应功能程序标号
        LJMP   KEYFUN28          ;跳到键号 28 对应功能程序标号
        LJMP   KEYFUN29          ;跳到键号 29 对应功能程序标号
        LJMP   KEYFUN30          ;跳到键号 30 对应功能程序标号
        LJMP   KEYFUN31          ;跳到键号 31 对应功能程序标号
        RET
;列号对应数据表
KEYVALTAB:  DB  0FEH,0FDH,0FBH,0F7H,0EFH,0DFH,0BFH,7FH
;对应列号:        0    1    2    3    4    5    6    7
        RET
;
KEYFUN00:   MOV    A,#02H            ;发 2 个脉冲
        LJMP   REMOTE           ;转发送程序
        RET
```

```
;
KEYFUN01:        MOV     A,#03H          ;发 3 个脉冲
                 LJMP    REMOTE          ;转发送程序
                 RET
;
KEYFUN02:        MOV     A,#04H          ;发 4 个脉冲
                 LJMP    REMOTE          ;转发送程序
                 RET
;
KEYFUN03:        MOV     A,#05H          ;发 5 个脉冲
                 LJMP    REMOTE          ;转发送程序
                 RET
;
KEYFUN04:        MOV     A,#06H          ;发 6 个脉冲
                 LJMP    REMOTE          ;转发送程序
                 RET
;
KEYFUN05:        MOV     A,#07H          ;发 7 个脉冲
                 LJMP    REMOTE          ;转发送程序
                 RET
;
KEYFUN06:        MOV     A,#08H          ;发 8 个脉冲
                 LJMP    REMOTE          ;转发送程序
                 RET
;
KEYFUN07:        MOV     A,#09H          ;发 9 个脉冲
                 LJMP    REMOTE          ;转发送程序
                 RET
;
KEYFUN08:        MOV     A,#0AH          ;发 10 个脉冲
                 LJMP    REMOTE          ;转发送程序
                 RET
;
KEYFUN09:        MOV     A,#0BH          ;发 11 个脉冲
                 LJMP    REMOTE          ;转发送程序
                 RET
;
KEYFUN10:        MOV     A,#0CH          ;发 12 个脉冲
                 LJMP    REMOTE          ;转发送程序
                 RET
;
KEYFUN11:        MOV     A,#0DH          ;发 13 个脉冲
                 LJMP    REMOTE          ;转发送程序
```

```
                          RET
;
KEYFUN12：       MOV      A，#0EH           ;发 14 个脉冲
                 LJMP     REMOTE           ;转发送程序
                 RET
;
KEYFUN13：       MOV      A，#0FH           ;发 15 个脉冲
                 LJMP     REMOTE           ;转发送程序
                 RET
;
KEYFUN14：       MOV      A，#10H           ;发 16 个脉冲
                 LJMP     REMOTE           ;转发送程序
                 RET
;
KEYFUN15：       MOV      A，#11H           ;发 17 个脉冲
                 LJMP     REMOTE           ;转发送程序
                 RET
KEYFUN16：       RET                       ;备用功能
KEYFUN17：       RET                       ;备用功能
KEYFUN18：       RET                       ;备用功能
KEYFUN19：       RET                       ;备用功能
KEYFUN20：       RET                       ;备用功能
KEYFUN21：       RET                       ;备用功能
KEYFUN22：       RET
KEYFUN23：       RET
KEYFUN24：       RET
KEYFUN25：       RET
KEYFUN26：       RET
KEYFUN27：       RET
KEYFUN28：       RET
KEYFUN29：       RET
KEYFUN30：       RET
KEYFUN31：       RET                       ;备用功能
;
;*************************************
;*                编码发射程序                    *
;*************************************
REMOTE：         MOV      R1，A             ;装入发射脉冲个数
                 LJMP     OUT3             ;转第 1 个码发射处理
OUT：            MOV      R0，#55H          ;1 ms 宽低电平发射控制数据
OUT1：           SETB     ET1              ;开 T1 中断
                 SETB     TR1              ;开启定时器 T1
                 NOP                       ;延时
```

```
                        NOP
                        NOP
                        NOP
                        NOP
                        DJNZ    R0,OUT1             ;时间不到转 OUT1 再循环
                        MOV     R0,#32H             ;1 ms 高电平间隙控制数据
OUT2：                  CLR     TR1                 ;关定时器 T1
                        CLR     ET1                 ;关 T1 中断
                        CLR     P3.5                ;关脉冲输出
                        NOP                         ;空操作延时
                        NOP
                        NOP
                        NOP
                        NOP
                        NOP
                        NOP
                        NOP
                        NOP
                        NOP
                        NOP
                        DJNZ    R0,OUT2             ;时间不到,转 OUT2 再循环
                        DJNZ    R1,OUT              ;脉冲未发完,转 OUT 再循环发射
                        LCALL   DL500MS
                        RET
OUT3：                  MOV     R0,#0FFH            ;装发射 3 ms 宽控制数据
                        LJMP    OUT1                ;转 OUT1
;
;* * * * * * * * * * * * * * * * * * * * * * * * * * * * * * * * * *
;*                      延时 513 μs                               *
;* * * * * * * * * * * * * * * * * * * * * * * * * * * * * * * * * *
;513 μs 延时程序
DELAY：                 MOV     R2,#0FFH
DELAY1：                DJNZ    R2,DELAY1
                        RET
;
;* * * * * * * * * * * * * * * * * * * * * * * * * * * * * * * * * *
;*                      延时 10 ms                                *
;* * * * * * * * * * * * * * * * * * * * * * * * * * * * * * * * * *
;10 ms 延时程序
DL10MS：                MOV     R3,#14H
DL10MS1：               LCALL   DELAY
                        DJNZ    R3,DL10MS1
                        RET
```

;500 ms 延时程序

```
DL500MS：        MOV     R4,＃32H
DL500MS1：       LCALL   DL10MS
                 DJNZ    R4,DL500MS1
                 RET
;
                 END                     ;程序结束
```

;　**********************************

;　　　＊　　　　　　　(INCEPT3. ASM)　　　　　　　＊

;　　　＊　　　　　　15 路遥控接收器　　　　　　　＊

;　**********************************

;　＊　　　　　　　　　　　　　　　　　　　　　　　　　　　＊

| | | | |
|---|---|---|---|
| A ← P1.0 | 1 | 40 | V_cc |
| B ← P1.1 | 2 | 39 | P0.0 LED0 |
| C ← P1.2 | 3 | 38 | P0.1 LED1 |
| P1.3 | 4 | 37 | P0.2 LED2 |
| P1.4 | 5 | 36 | P0.3 LED3 |
| P1.5 | 6 | 35 | P0.4 LED4 |
| P1.6 | 7 | 34 | P0.5 LED5 |
| P1.7 | 8 | 33 | P0.6 LED6 |
| RST | 9 | 32 | P0.7 LED7 |
| 100 Hz → P3.0 | 10 | 31 | EA V_DD |
| → P3.1 | 11 | 30 | ALE |
| REMOTEIN → P3.2 | 12 | 29 | PSEN |
| P3.3 | 13 | 28 | P2.7 → 调光脉冲 |
| P3.4 | 14 | 27 | P2.6 LED8 |
| P3.5 | 15 | 26 | P2.5 LED9 |
| P3.6 | 16 | 25 | P2.4 LED10 |
| P3.7 | 17 | 24 | P2.3 LED11 |
| XTAL2 | 18 | 23 | P2.2 LED12 |
| XTAL1 | 19 | 22 | P2.1 LED13 |
| V_ss | 20 | 21 | P2.0 LEV14(灯泡) |

51单片机

;注：P3.0 为 100 Hz 的交流电源过零点相位参考输入

;

;　**********************************

;　＊　　　　　　主程序和中断程序入口　　　　　　　＊

;　**********************************

```
        ORG     0000H           ;程序开始地址
        LJMP    START           ;跳至 START 执行
        ORG     0003H           ;外中断 0 中断入口
        LJMP    INTEX0          ;跳至 INTEX0 执行中断服务程序
        ORG     000BH           ;定时器 T0 中断入口地址
```

```
                RETI                    ;中断返回(不开中断)
                ORG     0013H           ;外中断 1 中断入口地址
                RETI                    ;中断返回(不开中断)
                ORG     001BH           ;定时器 T1 中断入口地址
                RETI                    ;中断返回(不开中断)
                ORG     0023H           ;串行口中断入口地址
                RETI                    ;中断返回(不开中断)
                ORG     002BH           ;定时器 T2 中断入口地址
                RETI                    ;中断返回(不开中断)
;
;* * * * * * * * * * * * * * * * * * * * * * * * * * * * * *
;*                  初始化程序                      *
;* * * * * * * * * * * * * * * * * * * * * * * * * * * * * *
CLEARMEMIO:     CLR     A
                DEC     A               ;A 为#0FFH
                MOV     P0,A            ;P1~P3 口置 1
                MOV     P1,A
                MOV     P2,A
                MOV     P3,A
CLEARMEM:       MOV     IE,#00H         ;关所有中断
                SETB    EX0             ;开外中断
                SETB    EA              ;总中断允许
                RET                     ;子程序返回
;
;* * * * * * * * * * * * * * * * * * * * * * * * * * * * * *
;*                  主程序                          *
;* * * * * * * * * * * * * * * * * * * * * * * * * * * * * *
START:          LCALL   CLEARMEMIO      ;上电初始化
                LCALL   LOOP            ;调用调光控制程序
;
MAIN:           JB      P3.0,MAIN       ;50 Hz 交流电未过 0 转 MAIN
                LCALL   DLX             ;过零点时调用延时子程序(延时可变)
                CLR     P2.7            ;发调光脉冲
                LCALL   DELAY           ;持续 512 μs
                SETB    P2.7            ;关调光脉冲
                LJMP    MAIN            ;转 MAIN 循环
                NOP                     ;PC 值出错处理
                NOP
                LJMP    START           ;出错时重新初始化
;* * * * * * * * * * * * * * * * * * * * * * * * * * * * * *
;*                  遥控接收程序                    *
;* * * * * * * * * * * * * * * * * * * * * * * * * * * * * *
```

;采用中断接收

| | | | |
|---|---|---|---|
| INTEX0： | CLR | EX0 | ;关外中断 |
| | JNB | P3.1,READ1 | ;P3.1 口为低电平转 READ1 |
| READOUTT0： | SETB | EX0 | ;P3.1 口为高电平开中断(系干扰) |
| | RETI | | ;退出中断 |
| ; | | | |
| READ1： | CLR | A | ;清 A |
| | MOV | DPH,A | ;清 DPTR |
| | MOV | DPL,A | |
| HARD1： | JB | P3.1,HARD11 | ;P3.1 变高电平转 HARD11 |
| | INC | DPTR | ;用 DPTR 对低电平计数 |
| | NOP | | ;1 $\mu$s 延时 |
| | NOP | | |
| | AJMP | HARD1 | ;转 HARD1 循环(循环周期为 8 $\mu$s) |
| HARD11： | MOV | A,DPH | ;DPTR 高 8 位放入 A |
| | JZ | READOUTT0 | ;为 0(脉宽小于 8 $\mu$s×255＝2 ms)退出 |
| | CLR | A | ;不为 0,说明是第 1 个宽脉冲(3 ms) |
| READ11： | INC | A | ;脉冲个数计 1 |
| READ12： | JNB | P3.1,READ12 | ;低电平时等待 |
| | MOV | R1,#06H | ;高电平宽度判断定时值 |
| READ13： | JNB | P3.1,READ11 | ;变低电平时转 READ11 脉冲计数 |
| | LCALL | DELAY | ;延时(512 $\mu$s) |
| | DJNZ | R1,READ13 | ;6 次延时不到转 READ13 再延时 |
| | DEC | A | ;超过 3 ms 判为结束,减 1 |
| | DEC | A | ;减 1 |
| | JZ | FUN0 | ;为 0 执行 FUN0(2 个脉冲) |
| | DEC | A | ;减 1 |
| | JZ | FUN1 | ;为 0 执行 FUN1(3 个脉冲) |
| | DEC | A | |
| | JZ | FUN2 | ;为 0 执行 FUN2(4 个脉冲) |
| | DEC | A | |
| | JZ | FUN3 | ;为 0 执行 FUN3(5 个脉冲) |
| | DEC | A | |
| | JZ | FUN4 | ;为 0 执行 FUN4(6 个脉冲) |
| | DEC | A | |
| | JZ | FUN5 | ;为 0 执行 FUN5(7 个脉冲) |
| | DEC | A | |
| | JZ | FUN6 | ;为 0 执行 FUN6(8 个脉冲) |
| | DEC | A | |
| | JZ | FUN7 | ;为 0 执行 FUN7(9 个脉冲) |
| | DEC | A | |
| | JZ | FUN8 | ;为 0 执行 FUN8(10 个脉冲) |

```
            DEC     A
            JZ      FUN9            ;为 0 执行 FUN9(11 个脉冲)
            DEC     A
            JZ      FUN10           ;为 0 执行 FUN10(12 个脉冲)
            DEC     A
            JZ      FUN11           ;为 0 执行 FUN11(13 个脉冲)
            DEC     A
            JZ      FUN12           ;为 0 执行 FUN12(14 个脉冲)
            DEC     A
            JZ      FUN13           ;为 0 执行 FUN13(15 个脉冲)
            DEC     A
            JZ      FUN14           ;为 0 执行 FUN14(16 个脉冲)
            DEC     A
            JZ      FUN15           ;为 0 执行 FUN15(17 个脉冲)
            NOP
            NOP
            LJMP    READOUT0        ;出错退出
;
FUN0：      CPL     P0.0            ;P0 口各端口开关输出控制
            LJMP    READOUT0        ;转中断退出
FUN1：      CPL     P0.1
            LJMP    READOUT0
FUN2：      CPL     P0.2
            LJMP    READOUT0
FUN3：      CPL     P0.3
            LJMP    READOUT0
FUN4：      CPL     P0.4
            LJMP    READOUT0
FUN5：      CPL     P0.5
            LJMP    READOUT0
FUN6：      CPL     P0.6
            LJMP    READOUT0
FUN7：      CPL     P0.7
            LJMP    READOUT0
FUN8：      CPL     P2.6            ;P2 口各端口开关输出控制
            LJMP    READOUT0        ;转中断退出
FUN9：      CPL     P2.5
            LJMP    READOUT0
FUN10：     CPL     P2.4
            LJMP    READOUT0
FUN11：     CPL     P2.3
            LJMP    READOUT0
```

```
FUN12:          CPL      P2.2
                LJMP     READOUT0
FUN13:          CPL      P2.1
                LJMP     READOUT0
FUN14:          CPL      P2.0                    ;P2.0 口开关控制
                LJMP     READOUT0                ;转中断退出
FUN15:          DEC      P1                      ;P1 口值减 1
                MOV      A,P1                    ;移入 A
                CJNE     A,#0F7H,OUTT0           ;不等转 OUTT0(显示值小于 7)
                CLR      A                       ;相等清 A
                DEC      A                       ;A 为#0FFH
                MOV      P1,A                    ;放回 P1(显示值为 7)
OUTT0:          LCALL    LOOP                    ;亮度调整
                LJMP     READOUT0                ;中断退出
;
;* * * * * * * * * * * * * * * * * * * * * * * * * * * * * * * *
;*                延时程序(513 μs)                             *
;* * * * * * * * * * * * * * * * * * * * * * * * * * * * * * * *
DELAY:          MOV      R0,#0FFH
DELAY1:         DJNZ     R0,DELAY1
                RET
;
;* * * * * * * * * * * * * * * * * * * * * * * * * * * * * * * *
;*                延时 10 ms                                   *
;* * * * * * * * * * * * * * * * * * * * * * * * * * * * * * * *
DL10MS:         MOV      R1,#14H
DL10MS1:        LCALL    DELAY
                DJNZ     R1,DL10MS1
                RET
;
;* * * * * * * * * * * * * * * * * * * * * * * * * * * * * * * *
;*                调光延时时间控制                             *
;* * * * * * * * * * * * * * * * * * * * * * * * * * * * * * * *
DLX:            MOV      R2,B                    ;置延时初值
DLX1:           LCALL    DELAY                   ;调 512 μs 延时子程序
                DJNZ     R2,DLX1                 ;循环控制
                RET                              ;返回
;
;* * * * * * * * * * * * * * * * * * * * * * * * * * * * * * * *
;*                调光控制程序                                 *
;* * * * * * * * * * * * * * * * * * * * * * * * * * * * * * * *
;根据数码管指示值设置调光脉冲延时值
```

```
LOOP:           MOV     A,P1            ;读入 P1 口值
                SUBB    A,#0FFH         ;比较
                JZ      LOOP7           ;值为#0FFH(显示 7)时转 LOOP7
                MOV     A,P1
                SUBB    A,#0FEH
                JZ      LOOP6           ;值为#0FEH(显示 6)时转 LOOP6
                MOV     A,P1
                SUBB    A,#0FDH
                JZ      LOOP5           ;值为#0FDH(显示 5)时转 LOOP5
                MOV     A,P1
                SUBB    A,#0FCH
                JZ      LOOP4           ;值为#0FCH(显示 4)时转 LOOP4
                MOV     A,P1
                SUBB    A,#0FBH
                JZ      LOOP3           ;值为#0FBH(显示 3)时转 LOOP3
                MOV     A,P1
                SUBB    A,#0FAH
                JZ      LOOP2           ;值为#0FAH(显示 2)时转 LOOP2
                MOV     A,P1
                SUBB    A,#0F9H
                JZ      LOOP1           ;值为#0F9H(显示 1)时转 LOOP1
                MOV     A,P1
                SUBB    A,#0F8H
                JZ      LOOP0           ;值为#0F8H(显示 0)时转 LOOP0
                RET                     ;返回
;
LOOP7:          MOV     B,#01H          ;设置延时值#01H(最亮)
                RET                     ;返回
LOOP6:          MOV     B,#02H          ;设置延时值#02H(次亮)
                RET                     ;返回
LOOP5:          MOV     B,#04H
                RET
LOOP4:          MOV     B,#06H
                RET
LOOP3:          MOV     B,#08H
                RET
LOOP2:          MOV     B,#0AH
                RET
LOOP1:          MOV     B,#0CH          ;设置延时值#0CH(次暗)
                RET                     ;返回
LOOP0:          MOV     B,#0DH          ;设置延时值#0DH(最暗)
                RET                     ;返回
;
                END                     ;程序结束
```

# 10.5　C 程序清单

以下是 15 路电器遥控器完整的 C 程序清单(发射器及接收器):

```c
/*************************************************************************/
//                              send. c                               //
//                     实例 4    遥控发射器                            //
/*************************************************************************/
//使用 AT89C52 单片机,12 MHz 晶振
//
// # pragma src(E:\remote. asm)
# include "reg51. h"
# include "intrins. h"                          //_nop_()延时函数用
//
# define uchar unsigned char
# define uint unsigned int
# define key0 P0                                //键列线
# define key1 P1                                //键行线
//
sbit   remoteout=P3^5;                          //遥控输出口
//
//
uint i,j,m,n,k,s;
uchar keyvol;                                   //键值存放
uchar   code keyv[8]={1,2,4,8,16,32,64,128};
//
/*********1 ms 延时程序**********/
delay1ms(uint t)
{
for(i=0;i<t;i++)
   for(j=0;j<120;j++)
   ;
}
/**********初始化函数**********/
clearmen()
{
remoteout=0;                                    //关遥控输出
IE=0x00;
IP=0x01;
TMOD=0x22;                                      //8 位自动重装模式
TH1=0xF3;                                       //40 kHz 初值
TL1=0xF3;
```

```
EA=1;                                          //开总中断
}
/**********发射函数 ************/
sed()
{
ET1=1;TR1=1;delay1ms(3);ET1=0;TR1=0;remoteout=0;   //40 kHz 发 3 ms
for(m=keyvol;m>0;m--)
  {
   delay1ms(1);                                 //停 1 ms
   ET1=1;TR1=1;delay1ms(1);ET1=0;TR1=0;remoteout=0;//40 kHz 发 1 ms
  }
delay1ms(10);
}
//
tx()
{
switch(keyvol)
 {
  case 0:keyvol=keyvol+1;sed();break;
  case 1:keyvol=keyvol+1;sed();break;
  case 2:keyvol=keyvol+1;sed();break;
  case 3:keyvol=keyvol+1;sed();break;
  case 4:keyvol=keyvol+1;sed();break;
  case 5:keyvol=keyvol+1;sed();break;
  case 6:keyvol=keyvol+1;sed();break;
  case 7:keyvol=keyvol+1;sed();break;
  case 8:keyvol=keyvol+1;sed();break;
  case 9:keyvol=keyvol+1;sed();break;
  case 10:keyvol=keyvol+1;sed();break;
  case 11:keyvol=keyvol+1;sed();break;
  case 12:keyvol=keyvol+1;sed();break;
  case 13:keyvol=keyvol+1;sed();break;
  case 14:keyvol=keyvol+1;sed();break;
  case 15:keyvol=keyvol+1;sed();break;
  default:break;
 }
}
/**********键功能函数 ************/
keywork()
{
 keyvol=0x00;key1=0xF0;if(key0!=0xFF)
 {delay1ms(20);if(key0!=0xFF)
 {while(key0!=0xFF);
```

```
    key1=0xFE;if(key0!=0xff){for(i=0;i<8;i++){if(~key0==keyv[i]){keyvol!=i;tx();}}     }
   else{key1=0xFD;if(key0!=0xFF){for(i=0;i<8;i++){if(~key0==keyv[i]){keyvol=i+8;tx
();}}     }}}
 // key1=0xFB;if(key0!=0xFF){for(i=0;i<8;i++){if(~key0==keyv[i]){keyvol=i+16;tx
();}}     }
 // key1=0xF7;if(key0!=0xFF){for(i=0;i<8;i++){if(~key0==keyv[i]){keyvol=i+24;tx
();}}     }
   }
  }
}
/ ***********主函数 **************/
main()
{
clearmen();                                              //初始化
while(1)
 {
  keywork();                                             //按键扫描
  }
}
/ *********40 kHz 发生器 ***********/
//定时中断 T1
void time_intt1(void) interrupt 3
{
 remoteout=~remoteout;
}
// ******************结束 ************************//
/ ********************************************************************/
//                             incept. c                            //
//                    实例 4   遥控接收器                              //
/ ********************************************************************/
//使用 AT89C52 单片机,12 MHz 晶振
//
// #pragma src(E:\remote. asm)
#include "reg51. h"
#include "intrins. h"                                    //_nop_()延时函数用
//
#define uchar unsigned char
#define uint unsigned int
#define disout P1                                        //显示输出
//
sbit   remotein=P3^1;                                    //遥控输入
sbit   sin=P3^0;                                         //基准正弦波相位输入
sbit   AA=P0^0;
```

```
sbit    BB=P0^1;
sbit    CC=P0^2;
sbit    DD=P0^3;
sbit    EE=P0^4;
sbit    FF=P0^5;
sbit    GG=P0^6;
sbit    HH=P0^7;
sbit    II=P2^0;
sbit    JJ=P2^1;
sbit    KK=P2^2;
sbit    LL=P2^3;
sbit    MM=P2^4;
sbit    NN=P2^5;
sbit    PP=P2^6;
sbit    QQQ=P2^7;
//
uint i,j,m,n,k,s=1;
uint keyvol;                                        //值存放
//
/ **********1 ms 延时程序 ***********/
delay1ms(uint t)
{
for(i=0;i<t;i++)
    for(j=0;j<120;j++)
    ;
}
/ *************初始化函数 ***********/
clearmen()
{
EX0=1;
EA=1;                                               //开总中断
}
/ ********** 延时赋值函数 ***********/
loop()
{
switch(disout&0x07)
{
case 0:{s=1;break;}
case 1:{s=2;break;}
case 2:{s=3;break;}
case 3:{s=4;break;}
case 4:{s=5;break;}
case 5:{s=6;break;}
```

```
case 6:{s=7;break;}
case 7:{s=8;break;}
default:break;}
}
/**************** 主函数 ****************/
main()
{
clearmen();                                    //初始化
loop();
P2=0xFE;
while(1)
 {
   while(sin==1);
   delay1ms(s);
   QQQ=0;delay1ms(1);QQQ=1;
   }
}
/********** 外部中断遥控接收函数 **********/
//外中断 0
void intt0(void) interrupt 0
{
EX0=0;keyvol=0;
if(remotein==0)
  {delay1ms(1);
   if(remotein==0)
    {while(1)
        {while(remotein==0);
         keyvol++;k=0;
         while(remotein==1){delay1ms(1);k++;if(k>2){ goto OOUUTT;};}
            }
OOUUTT:
    switch(keyvol)
    {
    case 2:{AA=~AA;break;}
    case 3:{BB=~BB;break;}
    case 4:{CC=~CC;break;}
    case 5:{DD=~DD;break;}
    case 6:{EE=~EE;break;}
    case 7:{FF=~FF;break;}
    case 8:{GG=~GG;break;}
    case 9:{HH=~HH;break;}
    case 10:{PP=~PP;break;}
    case 11:{NN=~NN;break;}
```

```
            case 12:{MM=～MM;break;}
            case 13:{LL=～LL;break;}
            case 14:{KK=～KK;break;}
            case 15:{JJ=～JJ;break;}
            case 16:{II=～II;break;}
            case 17:{if(disout==0x00){disout=0xFF;}else{disout--;}loop();break;}
            default:break;
            }
          }
      }
EX0=1;
}
// ********************结束**************************//
```

# 第11章 实例5 数控调频发射台的设计

本数控调频发射台可在 80.0～109.9 MHz 范围内任意设置发射频率,可预置 11 个频道,发射频率最小调整值为 0.1 MHz,具有单声道/立体声控制,可广泛应用于学校无线广播、电视现场导播、汽车航行和无线演说等场所。

## 11.1 系统硬件电路的设计

**1. 单片机控制部分**

单片机采用 AT89C52,其采用最小化应用系统设计。P0 口和 P2 口作为共阳 LED 数码管驱动用。P1 口作为 16 键的键盘接口,其中 T0～T3 分别为百位、十位、个位、小数位的频率操作键。百位数只能是 0 或 1。当百位数为 0 时,十位数为 8 或 9;当百位数为 1 时,十位数只能为 0。个位及小数位为 0～9 之中的任意数。T4～T14 为发射频率预置键,T15 为单声道/立体声控制键。P3.0、P3.1 和 P3.2 作为与 BH1415F 的通信端口,用于传送发射频率控制数据;P3.3 用于立体声发射指示。本电路采用 12 MHz 晶振,模拟串口通信。单片机控制部分电路如图 11.1 所示。

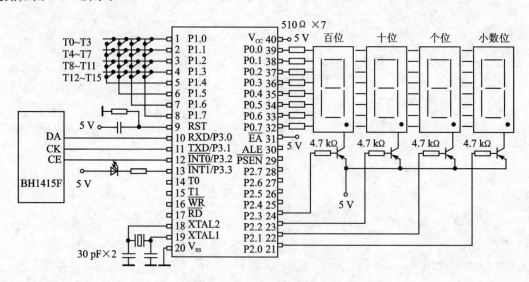

**图 11.1 单片机控制电路原理图**

**2. 调频调制发射部分**

本系统调频调制发射部分采用 Rohm 公司最新生产的调频发射专用集成电路 BH1415F,内含立体声信号调制、调频广播信号发射电路。BH1415F 内有前置补偿电路、限幅器电路和低通滤波电路等,因此,系统具有良好的音色;内置 PLL 系统调频发射电路,传输频率非常稳定。调频发射频率可用单片机通过串行口直接控制。BH1415F 各引脚的功能如表 11.1 所列,应用电路如图 11.2 所示。从 11 脚输出的调频调制信号,经高频放大后由天线发射输出,后级高频放大器的功率可根据接收的距离范围考虑。

**表 11.1 BH1415F 引脚功能表**

| 引 脚 | 引脚描述 | 直 流 |
|---|---|---|
| 1 | 右声道输入端:通过电容器与右声道音频信号相连 | 1/2$V_{CC}$ |
| 22 | 左声道输入端:通过电容器与左声道音频信号相连 | |
| 2、21 | 时间常数端:其连接一个电容,时间常数:$\tau = 22.7$ kΩF | |
| 3、20 | LPF 时间常数端:其连接一个 150 pF 电容,时间常数为 15 kHz LPF | 1/2$V_{CC}$ |
| 4 | 滤波器端:声频部分滤波器参考电压 | 1/2$V_{CC}$ |
| 5 | 立体声复合信号输出端:连接到调频、调制器 | 1/2$V_{CC}$ |
| 6 | 接地端 | GND |
| 7 | PLL 相位检波器输出端:连接到 PLL LPF 电路 | — |
| 8 | 电源供给端 | $V_{CC}$ |
| 9 | 射频振荡器端:连接振荡时间常数,是振荡器基端 | 4/7$V_{CC}$ |
| 10 | 射频地端 | GND |
| 11 | 射频发送输出端 | $V_{CC} - 1.9$ V |
| 12 | PLL 电源供给端 | $V_{CC}$ |
| 13、14 | XTAL 振荡器端:连接一个 7.6 MHz 晶振 | — |
| 15 | 芯片授权端 | — |
| 16 | 时钟输入端 | — |
| 17 | 数据输入端 | — |
| 18 | 静音端。$0.8V_{CC} \leqslant$ Pin18:Mute ON;$0.2V_{CC} \geqslant$ Pin18:Mute OFF | — |
| 19 | 控制信号调节端 | 1/2$V_{CC}$ |

BH1415F 的频率控制码为 16 位,其数据传送格式如图 11.3 所示,其中 D0~D10 为频率控制数据,其值乘 0.1 即为 BH1415F 的输出频率(单位:MHz);D11~D15 为控制位。D11(MONO)为单声道/立体声控制位,0 时为单声道发射模式;1 时为立体声发射模式。D12(PD0)和 D13(PD1)位用于相位控制,通常为 0,当分别为 01 或 10 时可使发射频率在最低和最高处。D14(T0)和 D15(T1)位用于测试模式控制,通常为 00,当为 10 时为测试模式。

**3. 电源系统**

由于采用单片机控制的数字调频台功耗很小,可用 7805 三端稳压块分别对单片机和 BH1415F 电路单独供电,电源变压器功率大于 10 W 即可。集成块电源脚应就近接 0.1 μF 的瓷片电容。

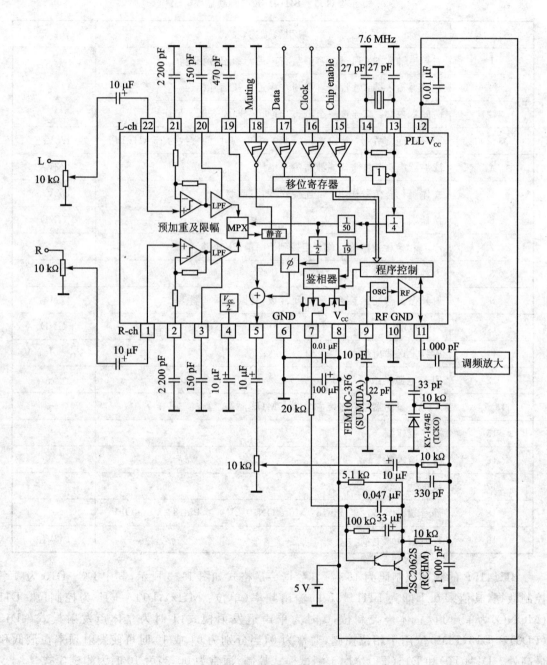

**图 11.2　BH1415F 电路原理图**

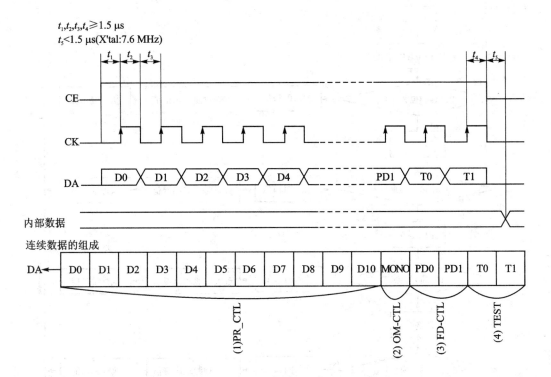

$t_1, t_2, t_3, t_4 \geqslant 1.5\ \mu s$
$t_5 < 1.5\ \mu s$(X'tal:7.6 MHz)

**图 11.3 BH1415F 的数据传送格式**

# 11.2 内存单元的使用要求

26H~29H 用来存放显示小数位、个位、十位、百位的 BCD 码数据。24H~25H 用来存放频率控制数据(十六进制)。21H 用来存放频率控制字节低 8 位数据。22H 用来存放频率控制字节高 8 位数据。23H 用来存放键扫描时 P1 端口的值。

# 11.3 系统主要程序的设计

**1. 键盘扫描程序**

本程序采用 4×4 行列式查询法,其方法是对 P1.0~P1.3 口分别置 0,然后读入 P1 口高 4 位的值。若不为 1111 则说明有键按下,根据读入的 P1 口值与键号表进行查表对照,从而取得按键的键号值。键盘扫描程序流程图如图 11.4 所示。

**2. 显示程序**

本程序采用动态扫描法显示 4 位频率数字值。

**3. 串行通信程序**

本程序由十进制 BCD 码转十六进制程序、16 位频率控制字节合成程序和模拟异步串行发送程序组成。模拟异步串行发送程序是根据 BH1415F 的传送要求编写的,其发送程序流程图如图 11.5 所示。

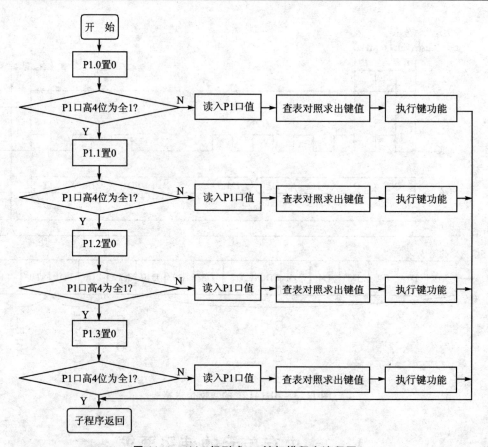

**图 11.4　4×4 行列式 16 键扫描程序流程图**

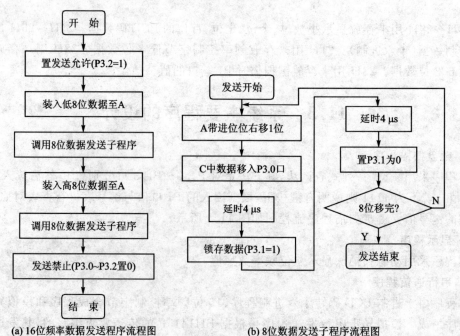

(a) 16位频率数据发送程序流程图　　　　　　　　　(b) 8位数据发送子程序流程图

**图 11.5　频率数据发送程序流程图**

# 11.4　汇编程序清单

以下是数控调频台控制器完整的汇编程序清单：

```
;*****************************;
;          数控调频台控制器          ;
;*****************************;
;
;26H～29H 存放显示小数位、个位、十位、百位 BCD 码数,24H～25H 存放频率控制数据(十六进制)
;
CONBITL      EQU      21H                ;频率控制字节低 8 位
CONBITH      EQU      22H                ;频率控制字节高 8 位
KEYWORD      EQU      23H                ;存放键扫描时 P1 口值
;
             ORG      0000H              ;程序开始地址
             LJMP     START              ;转 START 执行
             ORG      0003H
             RETI                        ;不用中断程序
             ORG      000BH
             RETI                        ;不用中断程序
             ORG      0013H
             RETI                        ;不用中断程序
             ORG      001BH
             RETI                        ;不用中断程序
             ORG      0023H
             RETI                        ;不用中断程序
             ORG      002BH
             RETI                        ;不用中断程序

;
;初始化程序
CLEARMEN:    MOV      R0,#20H            ;20H～29H 循环清 0
             MOV      R1,#0AH
CLEARLOOP:   MOV      @R0,#00H
             INC      R0
             DJNZ     R1,CLEARLOOP
             MOV      P0,#0FFH           ;4 端口置 1
             MOV      P1,#0FFH
             MOV      P2,#0FFH
             MOV      P3,#0FFH
             CLR      P3.0               ;BH1415F 禁止操作
             CLR      P3.1
             CLR      P3.2
```

|  | LCALL | KEYFUN15 | ;置立体声发射方式,开立体声发射指示灯 |
|---|---|---|---|
| CLEAR1： | MOV | PCON,#00H | ;控制寄存器清 0 |
|  | MOV | 29H,#00H | ;置初始值为 88 MHz(显示为 088.0) |
|  | MOV | 28H,#08H |  |
|  | MOV | 27H,#08H |  |
|  | MOV | 26H,#00H |  |
|  | LCALL | DISPUPDAT | ;写入 BH1415F 芯片(修改发送频率) |
|  | RET |  | ;子程序返回 |

;
;主程序

| START： | LCALL | CLEARMEN | ;上电初始化 |
|---|---|---|---|
| MAIN： | LCALL | KEYWORK | ;调查键子程序 |
|  | LCALL | DISPLAY | ;LED 显示一次 |
|  | AJMP | MAIN | ;转 MAIN 循环 |
|  | NOP |  | ;PC 出错处理 |
|  | NOP |  |  |
|  | AJMP | START | ;重新初始化 |

;
;4×4 行列扫描查键子程序

| KEYWORK： | MOV | P1,#0FFH | ;置 P1 口为输入状态 |
|---|---|---|---|
|  | CLR | P1.0 | ;扫描第 1 行(第 1 行为 0) |
|  | MOV | A,P1 | ;读入 P1 口值 |
|  | ANL | A,#0F0H | ;低 4 位为 0 |
|  | CJNE | A,#0F0H,KEYCON | ;高 4 位不为全 1(有键按下)转 KEYCOON |
|  | SETB | P1.0 | ;扫描第 2 行(第 2 行为 0) |
|  | CLR | P1.1 |  |
|  | MOV | A,P1 | ;读入 P1 口值 |
|  | ANL | A,#0F0H | ;低 4 位为 0 |
|  | CJNE | A,#0F0H,KEYCON | ;高 4 位不为全 1(有键按下)转 KEYCOON |
|  | SETB | P1.1 | ;扫描第 3 行(第 3 行为 0) |
|  | CLR | P1.2 |  |
|  | MOV | A,P1 | ;读入 P1 口值 |
|  | ANL | A,#0F0H | ;低 4 位为 0 |
|  | CJNE | A,#0F0H,KEYCON | ;高 4 位不为全 1(有键按下)转 KEYCOON |
|  | SETB | P1.2 | ;扫描第 4 行(第 4 行为 0) |
|  | CLR | P1.3 |  |
|  | MOV | A,P1 | ;读入 P1 口值 |
|  | ANL | A,#0F0H | ;低 4 位为 0 |
|  | CJNE | A,#0F0H,KEYCON | ;高 4 位不为全 1(有键按下)转 KEYCOON |
|  | SETB | P1.3 | ;结束行扫描 |
|  | RET |  | ;子程序返回 |
| KEYCON： | LCALL | DL10MS | ;消抖处理 |
|  | MOV | A,P1 | ;再读入 P1 口值 |

|  | ANL | A,#0F0H | ;低 4 位为 0 |
|  | CJNE | A,#0F0H,KEYCHE | ;高 4 位不为全 1,确有键按下,转 KEYCHE |
| KEYOUT: | RET |  | ;干扰,子程序返回 |
| KEYCHE: | MOV | A,P1 | ;读 P1 口值 |
|  | MOV | KEYWORD,A | ;放入 23H 暂存 |
| CJLOOP: | LCALL | DISPLAY | ;调显示子程序 |
|  | MOV | A,P1 | ;读 P1 口值 |
|  | ANL | A,#0F0H | ;低 4 位为 0 |
|  | CJNE | A,#0F0H,CJLOOP | ;高 4 位为全 1(键还按着),转 CJLOOP 等待释放 |
|  | MOV | R7,#00H | ;键释放,置 R7 初值为 #00H(查表次数) |
|  | MOV | DPTR,#KEYTAB | ;取键值表首址 |
| CHEKEYLOOP: | MOV | A,R7 | ;查表次数入 A |
|  | MOVC | A,@A+DPTR | ;查表 |
|  | XRL | A,KEYWORD | ;查表值与 P1 口读入值比较 |
|  | JZ | KEYOK | ;为 0(相等)转 KEYOK |
|  | INC | R7 | ;不等,查表次数加 1 |
|  | CJNE | R7,#10H,CHEKEYLOOP | ;查表次数不超过 16 次转 CHEKEYLOOP 再查 |
|  | RET |  | ;16 次到,退出 |
| ; |  |  |  |
| KEYOK: | MOV | A,R7 | ;查表次数入 A(即键号值) |
|  | MOV | B,A | ;放入 B |
|  | RL | A | ;左移 |
|  | ADD | A,B | ;相加(键号乘 3 处理 JMP 3 字节指令) |
|  | MOV | DPTR,#KEYFUNTAB | ;取键功能散转表首址 |
|  | JMP | @A+DPTR | ;查表 |
| KEYFUNTAB: | LJMP | KEYFUN00 | ;键功能散转表。跳至 0 号键功能程序 |
|  | LJMP | KEYFUN01 | ;跳至 01 号键功能程序 |
|  | LJMP | KEYFUN02 | ;跳至 02 号键功能程序 |
|  | LJMP | KEYFUN03 |  |
|  | LJMP | KEYFUN04 |  |
|  | LJMP | KEYFUN05 |  |
|  | LJMP | KEYFUN06 |  |
|  | LJMP | KEYFUN07 |  |
|  | LJMP | KEYFUN08 |  |
|  | LJMP | KEYFUN09 |  |
|  | LJMP | KEYFUN10 |  |
|  | LJMP | KEYFUN11 |  |
|  | LJMP | KEYFUN12 |  |
|  | LJMP | KEYFUN13 |  |
|  | LJMP | KEYFUN14 |  |
|  | LJMP | KEYFUN15 | ;跳至 15 号键功能程序 |
|  | RET |  | ;散转出错返回 |
| ; |  |  |  |

;键号对应 P1 口数值表(同时按下两键为无效操作)

| KEYTAB: | DB | 0EEH,0DEH,0BEH,7EH,0EDH,0DDH,0BDH,7DH |
| | DB | 0EBH,0DBH,0BBH,7BH,0E7H,0D7H,0B7H,77H,0FFH,0FFH |

;

;0 号键功能程序

| KEYFUN00: | INC | 29H | ;百位数加 1 |
| | MOV | A,29H | ;入 A |
| | CLR | C | ;清进位标志 |
| | CJNE | A,#02H,FUN00 | |
| FUN00: | JC | FUN00OUT | ;百位小于 2 转 FUNOO0UT |
| | MOV | 29H,#00H | ;大于等于 2 清为 0(百位只能是 0 或 1) |
| FUN00OUT: | MOV | A,29H | ;判断百位是 0 还是 1 |
| | XRL | A,#01H | |
| | JNZ | F00OUT1 | ;若百位为 0 转 FOOOUT1 |
| | MOV | 28H,#00H | ;若百位为 1,十位为 0 |
| | AJMP | F00OUT | |
| F00OUT1: | MOV | 28H,#08H | ;若百位为 0,十位数改为 8 |
| F00OUT: | LCALL | DISPUPDAT | ;写入控制芯片(修改发射频率) |
| | RET | | ;返回 |

;

;01 号键功能程序

| KEYFUN01: | INC | 28H | ;十位数加 1 |
| | MOV | A,28H | ;入 A |
| | CLR | C | ;清进位标志 |
| | CJNE | A,#0AH,FUN01 | ;判断是否小于 10 |
| FUN01: | JC | FUN01OUT | ;十位数小于 10 转 FUN01OUT |
| | MOV | 28H,#00H | ;十位数大于或等于 10 清为 0 |
| FUN01OUT: | MOV | A,29H | ;判断百位数是 0 不是 1 |
| | XRL | A,#01H | |
| | JNZ | F01OUT | |
| | MOV | 28H,#00H | ;百位数为 1 时,十位数为 0 |
| | AJMP | F001OUT | |
| F01OUT: | MOV | A,28H | ;百位为 0 时,十位数只能是 8 或 9 |
| | XRL | A,#08H | ;判断是不是 8 |
| | JZ | F001OUT | ;十位数是 8 转 F001OUT |
| | MOV | A,28H | |
| | XRL | A,#09H | ;判断是不是 9 |
| | JZ | F001OUT | ;十位数是 9 转 F001OUT |
| | MOV | 28H,#08H | ;不是 8 也不是 9,十位赋值为 8 |
| F001OUT: | LCALL | DISPUPDAT | ;写入控制芯片(修改发射频率) |
| | RET | | ;返回 |

;

;02 号键功能程序

```
KEYFUN02:   INC     27H                     ;个位数加 1
            MOV     A,27H
            CLR     C
            CJNE    A,#0AH,FUN02            ;判断是否小于 10
FUN02:      JC      FUN02OUT               ;小于 10 转 FUN02OUT
            MOV     27H,#00H               ;大于或等于 10 清为 0
FUN02OUT:   LCALL   DISPUPDAT              ;写入控制芯片(修改发射频率)
            RET
;
;03 号键功能程序
KEYFUN03:   INC     26H                     ;个位数加 1
            MOV     A,26H
            CLR     C
            CJNE    A,#0AH,FUN03            ;判断是否小于 10
FUN03:      JC      FUN03OUT               ;小于 10 转 FUN03OUT
            MOV     26H,#00H               ;大于或等于 10 清为 0
FUN03OUT:   LCALL   DISPUPDAT              ;写入控制芯片(修改发射频率)
            RET                             ;返回
;
;04 号键功能程序(频率预置键)
KEYFUN04:   MOV     29H,#01H               ;预置 109.0 MHz 发射频率
            MOV     28H,#00H
            MOV     27H,#09H
            MOV     26H,#00H
            LCALL   DISPUPDAT              ;写入控制芯片(修改发射频率)
            RET
;
;05 号键功能程序(频率预置键)
KEYFUN05:   MOV     29H,#01H               ;预置 108.0 MHz 发射频率
            MOV     28H,#00H
            MOV     27H,#08H
            MOV     26H,#00H
            LCALL   DISPUPDAT              ;写入控制芯片(修改发射频率)
            RET
;
;06 号键功能程序(频率预置键)
KEYFUN06:   MOV     29H,#01H               ;预置 105.0 MHz 发射频率
            MOV     28H,#00H
            MOV     27H,#05H
            MOV     26H,#00H
            LCALL   DISPUPDAT              ;写入控制芯片(修改发射频率)
            RET
;
```

```
;07 号键功能程序(频率预置键)
KEYFUN07:   MOV      29H,#01H          ;预置 100.0 MHz 发射频率
            MOV      28H,#00H
            MOV      27H,#00H
            MOV      26H,#00H
            LCALL    DISPUPDAT         ;写入控制芯片(修改发射频率)
            RET
;
;08 号键功能程序(频率预置键)
KEYFUN08:   MOV      29H,#00H          ;预置 98.0 MHz 发射频率
            MOV      28H,#09H
            MOV      27H,#08H
            MOV      26H,#00H
            LCALL    DISPUPDAT         ;写入控制芯片(修改发射频率)
            RET
;
;09 号键功能程序(频率预置键)
KEYFUN09:   MOV      29H,#00H          ;预置 96.0 MHz 发射频率
            MOV      28H,#09H
            MOV      27H,#06H
            MOV      26H,#00H
            LCALL    DISPUPDAT         ;写入控制芯片(修改发射频率)
            RET
;
;10 号键功能程序(频率预置键)
KEYFUN10:   MOV      29H,#00H          ;预置 94.0 MHz 发射频率
            MOV      28H,#09H
            MOV      27H,#04H
            MOV      26H,#00H
            LCALL    DISPUPDAT         ;写入控制芯片(修改发射频率)
            RET
;
;11 号键功能程序(频率预置键)
KEYFUN11:   MOV      29H,#00H          ;预置 92.0 MHz 发射频率
            MOV      28H,#09H
            MOV      27H,#02H
            MOV      26H,#00H
            LCALL    DISPUPDAT         ;写入控制芯片(修改发射频率)
            RET
;
;12 号键功能程序(频率预置键)
KEYFUN12:   MOV      29H,#00H          ;预置 90.0 MHz 发射频率
            MOV      28H,#09H
```

```
                MOV        27H,＃00H
                MOV        26H,＃00H
                LCALL      DISPUPDAT              ;写入控制芯片(修改发射频率)
                RET
;
;13 号键功能程序(频率预置键)
KEYFUN13:       MOV        29H,＃00H              ;预置 88.0 MHz 发射频率
                MOV        28H,＃08H
                MOV        27H,＃08H
                MOV        26H,＃00H
                LCALL      DISPUPDAT              ;写入控制芯片(修改发射频率)
                RET
;
;14 号键功能程序(频率预置键)                       ;预置 87.0 MHz 发射频率
KEYFUN14:       MOV        29H,＃00H
                MOV        28H,＃08H
                MOV        27H,＃07H
                MOV        26H,＃08H
                LCALL      DISPUPDAT              ;写入控制芯片(修改发射频率)
                RET
;
;15 号键功能程序(立体声/单声道设置键)
KEYFUN15:       CPL        03H                   ;立体/单声标志取"反"
                JNB        03H,MONO              ;为 0 转单声道 MONO
                CLR        P3.3                  ;为 1 开立体声指示灯
                LCALL      PUTBIT                ;发送控制字至 BH1415F
                RET                              ;返回
MONO:           SETB       P3.3                  ;关立体声指示灯
                LCALL      PUTBIT                ;发送控制字至 BH1415F
                RET                              ;返回
;
;将 BCD 码转为十六进制数,与 5 位控制码合成操作码,写入控制芯片
DISPUPDAT:      LCALL      BCDB                  ;调 BCD 码转为十六进制数程序
                LCALL      CONCOMMAND            ;调 5 位控制码合成操作码程序
                LCALL      PUTBIT                ;发送控制字至 BH1415F
                RET                              ;返回
;
;将 BCD 码转为十六进制数程序
BCDB:           MOV        CONBITL,＃00H         ;控制字清 0
                MOV        CONBITH,＃00H         ;控制字清 0
                MOV        CONBITL,26H           ;小数位数放入控制字低 8 位
                MOV        A,27H                 ;个位数乘 10 操作
                MOV        B,＃10
```

```
             LCALL      MULLOOP               ;调乘法子程序
             MOV        A,28H                 ;十位数乘 100 操作
             MOV        B,#100
             LCALL      MULLOOP               ;调乘法子程序
             MOV        A,29H
             JNZ        ADD3E8                ;百位数为 1 转 ADD3E8(加 1000 操作)
             RET                              ;百位数为 0 退出
ADD3E8：     CLR        C                     ;清进位档标志
             MOV        A,#0E8H               ;低 8 位加法
             ADD        A,CONBITL             ;累加
             MOV        CONBITL,A             ;放回 CONBITL
             MOV        A,#03H                ;高 8 位加法
             ADDC       A,CONBITH             ;控制字高 8 位处理
             MOV        CONBITH,A             ;放回 CONBITH
             RET                              ;返回
;
;乘法及累加处理程序(将 4 位显示的十进制 BCD 码转为 1 个二进制数)
MULLOOP：     MUL        AB                    ;乘法
             CLR        C                     ;清进位标志
             ADD        A,CONBITL             ;积低 8 位与 CONBITL 相加
             MOV        CONBITL,A             ;放回 CONBITL
             MOV        A,CONBITH
             ADDC       A,B                   ;积高 8 位与 CONBITH 带进位累加
             MOV        CONBITH,A             ;放回 CONBITH
             RET                              ;返回
;
;频率控制数据与 5 位控制码合成 BH1415F 控制字
CONCOMMAND：ANL        CONBITH,#07H          ;高 4 位为 0
             MOV        A,20H                 ;控制字放入 A
             ORL        A,CONBITH             ;合成控制字
             MOV        CONBITH,A             ;放回 CONBITH
             RET                              ;返回
;
;;;;;;;;;;;;;;;;;;;;;;;;;;;;;;;;;;;;;;;;;
;;           显示程序              ;;
;;;;;;;;;;;;;;;;;;;;;;;;;;;;;;;;;;;;;;;;;
;共阳 LED 显示,P0 口输出段码,P2 口输出扫描字
DISPLAY：    MOV        R1,#26H               ;显示首址
             MOV        R5,#0FEH              ;设扫描字
PLAY：       MOV        A,R5                  ;放入 A
             MOV        P2,A                  ;P2 口输出
             MOV        A,@R1                 ;取显示数据
             MOV        DPTR,#TAB             ;取段码表首址
```

|  | MOVC | A,@A+DPTR | ;查段码 |
|---|---|---|---|
|  | MOV | P0,A | ;从 P0 输出 |
|  | MOV | A,R5 | ;读入扫描字 |
|  | JB | ACC.1,PLAY1 | ;不是十位(LED),不显示小数点 |
|  | CLR | P0.7 | ;是十位,显示小数点 |
| PLAY1: | LCALL | DL1MS | ;点亮 1 ms |
|  | INC | R1 | ;指向下一显示数据 |
|  | JNB | ACC.3,ENDOUT | ;是第 4 位 LED,退出 |
|  | RL | A | ;不是,左移 1 位 |
|  | MOV | R5,A | ;放回 R5 |
|  | SETB | P0.7 | ;关小数点 |
|  | AJMP | PLAY | ;转 PLAY 循环 |
| ENDOUT: | MOV | P2,#0FFH | ;显示结束,关显示输出口 |
|  | MOV | P0,#0FFH |  |
|  | RET |  | ;返回 |

;
;0～9 共阳段码表
```
TAB:      DB   0C0H,0F9H,0A4H,0B0H,99H,92H,82H,0F8H,80H,90H,0FFH,0FFH
```
;
;;;;;;;;;;;;;;;;;;;;;;;;;;;;;;;;;;;;;;;;
;;        发送控制字节子程序          ;;
;;;;;;;;;;;;;;;;;;;;;;;;;;;;;;;;;;;;;;;;
;

| PUTBIT: | MOV | A,CONBITL | ;低 8 位控制字入 A |
|---|---|---|---|
|  | SETB | P3.2 | ;BH1415F 使能(允许写) |
|  | LCALL | PUT | ;发送 8 位 |
|  | MOV | A,CONBITH | ;高 8 位控制字入 A |
|  | LCALL | PUT | ;发送 8 位 |
|  | CLR | P3.2 | ;BH1415F 写禁止 |
|  | CLR | P3.0 | ;复位 |
|  | CLR | P3.1 | ;复位. |
|  | RET |  | ;返回 |

;
;字节发送子程序

| PUT: | MOV | R3,#8 | ;发送 8 位控制 |
|---|---|---|---|
|  | CLR | C | ;清 C |
| PUT1: | RRC | A | ;带进位位右移(先发低位) |
|  | MOV | P3.0,C | ;低位送至 P3.0 口 |
|  | NOP |  | ;延时 4 μs |
|  | NOP |  |  |
|  | NOP |  |  |
|  | NOP |  |  |
|  | SETB | P3.1 | ;锁存数据(上升沿时锁存数据) |

```
            NOP                                    ;延时 4 μs
            NOP
            NOP
            NOP
            CLR        P3.1
            DJNZ       R3,PUT1                     ;8 位未发完转 PUT1 再发
            RET                                    ;8 位发完结束
;
;513 μs 延时子程序
DL513:      MOV        R3,#0FFH
DL513LOOP:  DJNZ       R3,DL513LOOP
            RET
;
;1 ms 延时子程序(LED 点亮用)
DL1MS:      MOV        R4,#02H
DL1MSLOOP:  LCALL      DL513
            DJNZ       R4,DL1MSLOOP
            RET
;
;10 ms 延时子程序(消抖动用)
DL10MS:     MOV        R6,#0AH
DL10MSLOOP: LCALL      DL1MS
            DJNZ       R6,DL10MSLOOP
            RET
;
            END                                    ;程序结束
```

# 11.5　C 程序清单

以下是数控调频控制器完整的 C 源程序清单:

```
/********************************************************************/
//              实例 5   BH1415F 调频台控制 C 程序               //
//                    使用 Keil C51                              //
/********************************************************************/
//使用 AT89C52 单片机,12 MHz 晶振,用共阳 4 位 LED 数码管
//P0 口输出段码,P2 口扫描
// #pragma src(d:\aa.asm)
#include "reg52.h"
#include "intrins.h"                            //_nop_()延时函数用
#define  Disdata    P0                          //段码输出口
#define  discan     P2                          //扫描口
#define  keyio      P1                          //键盘接口
```

```
#define uchar unsigned char
#define uint   unsigned int
sbit   DA=P3^0;                          //数据输出
sbit   CK=P3^1;                          //时钟
sbit   CE=P3^2;                          //片选
sbit   DIN=P0^7;                         //LED 小数点控制
sbit   monolamp=P3^3;                    //立体声指示灯
uint   h;                                //延时参量
//
//扫描段码表
uchar code dis_7[12]={0xC0,0xF9,0xA4,0xB0,0x99,0x92,0x82,0xF8,0x80,0x90,0xFF,0xBF};
/* 共阳 LED 段码表  "0" "1" "2" "3" "4" "5" "6" "7" "8" "9""不亮""—" */
uchar code   scan_con[4]={0xFE,0xFD,0xFB,0xF7};  //列扫描控制字
uint   data   f_data={0x00},f_data1;             //频率数据,数据运算时暂存用
uchar data   display[4]={0x00,0x00,0x00,0x00};   //显示单元数据,共 4 个数据
uchar bdata condata=0x08;                        //BH1415F 控制字高 5 位,开机为立体声状态
sbit mono=condata^3;                             //单声道/立体声控制位
uchar data concommand[2],keytemp;                //合成后的两个控制字,键值存放
/ ********************************************************************** /
//
/ **************11 μs 秒延时函数 **************/
void delay(uint t)
{
for(;t>0;t--);
}
/ *************LED 显示动态扫描函数 ************/
scan()
{
char k;
    for(k=0;k<4;k++)                     //4 位 LED 扫描控制
     {
      Disdata=dis_7[display[k]];
      if(k==1){DIN=0;}
      discan=scan_con[k];delay(90);discan=0xFF;
     }
  }
/ ********频率数据转换为显示用 BCD 码函数 ********/
turn_bcd()
{
display[3]=f_data/1000;if(display[3]==0){display[3]=10;}  //最高位为 0 时不显示
f_data1=f_data%1000;
display[2]=f_data1/100;                  //求显示十位数
f_data1=f_data1%100;
```

```
display[1]=f_data1/10;                              //求显示个位数
display[0]=f_data1%10;                              //求显示小数位
}
/ *************控制字合成函数*************/
command()
{
concommand[1]=f_data/256;
concommand[0]=f_data%256;
concommand[1]=concommand[1]+condata;
}
/ *************写入1字节函数*************/
write(uchar val)
{
uchar i;
CE=1;
for(i=8;i>0;i--)
{
DA=val&0x01;
_nop_();_nop_();_nop_();_nop_();
CK=1;
_nop_();_nop_();_nop_();_nop_();
CK=0;
val=val/2;
}
CE=0;
}
/ ***********控制字写入1415函数***********/
w_1415()
{
write(concommand[0]);
write(concommand[1]);
}
// *************频率涮新*****************//
fup()
{
turn_bcd();                                //显示BCD码转换
command();                                 //合成控制字
w_1415();                                  //写入BH1415F
}
/ ***************查键函数***************/
read_key()
{
keyio=0xF0;
```

```
keytemp=(～keyio)&0xF0;
if(keytemp! =0)
{
keytemp=keyio;
keyio=0x0F;
keytemp=keytemp|keyio;
while(((～keyio)&0x0F)! =0);
switch(keytemp)
{
case 238:{f_data++;if(f_data>1099){f_data=1099;}fup();break;}      //加 0.1 MHz
case 222:{f_data--;if(f_data<800){f_data=800;}fup();break;}        //减 0.1 MHz
case 190:{mono=～mono;if(mono){monolamp=0;}else monolamp=1;fup();break;}   //立体声/单
                                                                   //声道转换
case 126:{f_data=1090;fup();break;}              //预置 109.0 MHz
case 237:{f_data=1070;fup();break;}              //预置 107.0 MHz
case 221:{f_data=1050;fup();break;}              //预置 105.0 MHz
case 189:{f_data=1030;fup();break;}              //预置 103.0 MHz
case 125:{f_data=1000;fup();break;}              //预置 100.0 MHz
case 235:{f_data=970;fup();break;}               //预置 97.0 MHz
case 219:{f_data=950;fup();break;}               //预置 95.0 MHz
case 187:{f_data=930;fup();break;}               //预置 93.0 MHz
case 123:{f_data=900;fup();break;}               //预置 90.0 MHz
case 231:{f_data=870;fup();break;}               //预置 87.0 MHz
case 215:{f_data=850;fup();break;}               //预置 85.0 MHz
case 183:{f_data=830;fup();break;}               //预置 83.0 MHz
case 119:{f_data=800;fup();break;}               //预置 80.0 MHz
default:{break;}
}
}
keyio=0xFF;
}
/************* 主函数 ****************/
main()
{
Disdata=0xFF;                                    //初始化端口
discan=0xFF;
keyio=0xFF;
DA=0;                                            //BH1415 禁止
CK=0;
CE=0;
for(h=0;h<4;h++){display[h]=8;}                  //开机,显示"8888"
for(h=0;h<500;h++)
   {scan();}                                     //开机,显示"8888" 2 s
```

```
f_data=1000;                          //预置 100.0 MHz
monolamp=0;                           //开机,立体声灯点亮
fup();                                //频率送入 BH1415
while(1)
 {
   read_key();                        //查键按纽
   scan();                            //显示 4 ms
   }
}
```

// ******************结束 ******************//

# 第 3 部分
# 实验与课程设计

# 第 12 章　单片机课程实验

实验名称：时钟电路的设计、制作。

实验学时：16 学时。

实验属性：综合。

课程要求：必做。

每组人数：1 人。

实验目的：熟悉一款 LED 时钟电路的 C 程序与汇编程序设计、调试全过程。

实验要求：时钟计时器要求用 6 位 LED 数码管显示时、分、秒，并以 24 小时计时方式运行，使用按键开关可实现时、分调整功能，或由学生自己定义时钟系统的功能及实现方法；完成实验设计报告。

实验内容：在 Keil - C51 等编译器环境下编制、调试 C 程序或汇编程序，然后写入单片机并脱机运行，验证其功能是否正确，并写出设计报告。

实验仪器：8 位 LED 时钟电路板（已焊）、单片机烧写器和 PC 机各 1 套。

## 12.1　实验参考资料

### 12.1.1　方案论证

为了实现 LED 显示器的数字显示，可以采用静态显示法和动态显示法，由于静态显示法需要数据锁存器等硬件，接口复杂一些，又考虑时钟显示只有 6 位，且系统没有其他复杂的处理任务，所以决定采用动态扫描法实现 LED 的显示。单片机采用宏晶公司的 STC89C52 系列，这种单片机具有足够的空余硬件资源，可实现其他的扩充功能。如果考虑使用电池供电，则可采用低电压的宏晶 LV 系列单片机。时钟计时器电路系统的总体设计框架如图 12.1 所示。

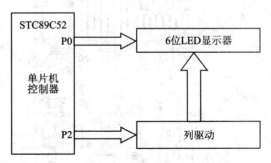

**图 12.1　硬件系统的总体设计框架**

### 12.1.2　系统硬件电路的设计

时钟计时器的硬件电路如图 12.2 所示。该电路采用 STC89C52 单片机最小化应用设计；采用共阳 7 段 LED 显示器；P0 口输出段码数据；P2.0～P2.7 口作列扫描输出；P1.0～P1.7、P3.0～ P3.7 口接 16 个按钮开关，用于实现调时、调分等功能；为了提供共阳 LED 数码管阳极的驱动电流，用 74HC244（同向驱动器）作电源驱动输出；采用 12 MHz 晶振可有利于提高秒计时的精确性。

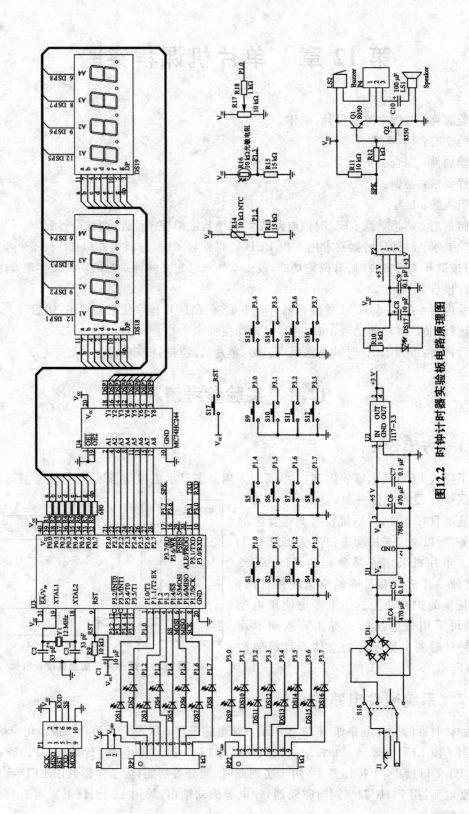

图12.2　时钟计时器实验板电路原理图

## 12.1.3 系统程序的设计

**1. 主函数**

本设计中计时采用定时器 T0 中断完成,其余状态循环调用显示子函数及键扫描子函数,当端口开关按下时,转入相应调时功能。其主函数执行流程如图 12.3 所示。

**2. LED 显示子函数**

数码管显示的数据存放在内存单元 dis[0]~dis[5]中,其中 dis[0]、dis[1]存放秒数据,dis[2]、dis[3]存放分数据,dis[4]、dis[5]存放时数据,每一单元内均为十进制 BCD 码。由于采用软件动态扫描实现数据显示功能,所以显示用十进制 BCD 码数据的对应段码存放在 ROM 表(dis7[11])中。显示时,先取出 dis[0]~dis[5]中某一数据,然后查得对应的显示用段码从 P0 口输出,P2 口将对应的数码管选中供电,就能显示该地址单元的数据值。

**3. 定时器 T0 中断函数**

定时器 T0 用于时间计时。定时溢出中断周期可设为 50 ms,中断进入后先判断,当中断计时累计 20 次(即 1 s)时,对秒计数单元进行加 1 操作。时钟计数单元在定义的 6 个单元(timedata[0]~timedata[5])中,timedata[0]、timedata[1]存放秒数据,timedata[2]、timedata[3]存放分数据,timedata[4]、timedata[5]存放时数据。最大计时值为 23 时 59 分 59 秒。在计数单元中采用十进制 BCD 码计数,秒、分、时之间满 60 进位。

T0 中断服务程序执行流程如图 12.4 所示。

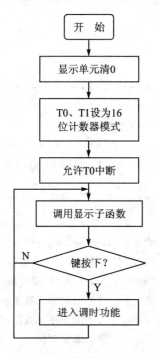

图 12.3 主函数流程图

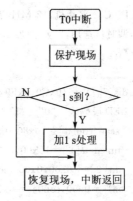

图 12.4 T0 中断函数

**4. T1 中断函数**

T1 中断服务程序用于指示调整数字单元的亮闪,在时间调整状态下,每过 0.4 s,将对应调整单元的显示数据转换成"熄灭符"数据(0x0A)。这样,在调整时间时,对应调整单元的显示数据会间隔闪亮。

**5．调时功能函数**

调时功能函数的设计方法是：按 S1 按键，进入调分状态，时钟停止走动；按 S2 或 S3 键可进行加 1 或减 1 操作；继续按 S1 键可分别进行分十位、时个位、时十位调整；最后按一下 S1 键将退出调整状态，时钟开始计时运行。

## 12.1.4　调试及性能分析

**1．硬件调试**

硬件调试时可先检查印制板及焊接的质量情况，在检查无误后可通电检查 LED 显示器的点亮状况。若亮度不理想，可以调整 P0 口的电阻大小，一般情况下取 200 Ω 电阻即可获得满意的亮度效果。实验室制作时可结合示波器测试晶振及 P0、P2 端口的波形情况进行综合硬件测试分析。

**2．软件调试**

软件调试采用 Keil C51 编译器，源程序编译及仿真调试应分段或以子函数为单位逐个进行，最后可结合硬件实时运行调试。

**3．性能分析**

按照设计程序分析，LED 显示器动态扫描的频率约为 167 Hz，实际使用观察时完全没有闪烁，实际计时的走时精度较高，可满足一般场合的应用需要。

## 12.1.5　控制源程序参考清单

以下是时钟计时器的 C 程序清单：

```
/********************************************************************/
//               采用 6 位 LED 动态扫描时钟演示程序
//                      使用 Keil C51
/********************************************************************/
//使用 AT89C51 单片机,12 MHz 晶振,P0 口输出段码,P2 口作列扫描,用共阳 LED 数码管
//key0 为调时位选用,key1 为加 1 键,key2 为减 1 键
#include "reg51.h"
//
char code dis_7[11]={0xC0,0xF9,0xA4,0xB0,0x99,0x92,0x82,0xF8,0x80,0x90,0xFF};
/* 共阳 LED 段码表 "0" "1" "2" "3" "4" "5" "6" "7" "8" "9""不亮" */
char code    scan_con[8]={0x80,0x40,0x20,0x10,0x08,0x04,0x02,0x01};   //列扫描控制字
char data    timedata[6]={0x00,0x00,0x00,0x00,0x00,0x00};         //计时单元数据初值,共 6 个
char data    dis[8]={0x00,0x00,0x00,0x00,0x00,0x00,0x0a,0x00};    //显示单元数据,共 6 个数据
char data con1s=0x00,con04s=0x00,con=0x01;                        //秒定时用
sbit key0=P1^0;
sbit key1=P1^1;
sbit key2=P1^2;
//
```

```
/**************/
//    1 ms 延时函数    //
/****************/
delay1ms(int t)
{
int i,j;
for(i=0;i<t;i++)
   for(j=0;j<120;j++)
   ;
}
/**************/
//      显示函数      //
/**************/
scan()
{
char k;
for(k=0;k<6;k++)
 {
   P0=dis_7[dis[k]];P2=scan_con[k];delay1ms(1);P2=0x00;
   }
}
/**************/
//   键扫描子函数      //
/**************/
keyscan()
{
 EA=0;
if(key0==0)
  {
   delay1ms(10);
   while(key0==0){scan();}
   dis[0]=timedata[0]=0x00;dis[1]=timedata[1]=0x00;
    if(dis[con]==10)
    {dis[7]=dis[con];dis[con]=dis[6];dis[6]=dis[7];}
    con++;TR0=0;ET0=0;TR1=1;ET1=1;
    if(con>-6)
      {con=1;TR1=0;ET1=0;TR0=1;ET0=1;}
   }
//
if(con!=0)
{
 if(key1==0)
   {
```

```
        delay1ms(10);
        while(key1==0){scan();}
        timedata[con]++;
         if(timedata[con]>=10)
            {timedata[con]=0;}
        dis[con]=timedata[con];dis[6]=0x0A;
           }
     }
//
if(con! =0)
{
  if(key2==0)
   {
      delay1ms(10);
      while(key2==0){scan();}
        if(timedata[con]==0)
            {timedata[con]=0x09;}
          else {timedata[con]--;}
        dis[con]=timedata[con];dis[6]=0x0A;
    }
 }
EA=1;
}
//
/***************/
//    初始化函数     //
/***************/
clearmen()
{
int i;
for(i=0;i<6;i++)
  {
    dis[i]=timedata[i];}
TH0=0x3C;TL0=0xB0;                    //50 ms 定时初值(T0 计时用)
TH1=0x3C;TL1=0xB0;                    //50 ms 定时初值(T1 计时用)
TMOD=0x11;ET0=1;ET1=1;TR1=0;TR0=1;EA=1;
}
/*******************/
//        主函数         //
/*******************/
main()
{
clearmen();
```

```
  while(1)
   {
     scan();
     keyscan();
   }
}
/*********************/
//      1 s 中断处理函数      //
/*********************/
void time_intt0(void) interrupt 1
{
ET0=0;TR0=0;TH0=0x3C;TL0=0xB0;TR0=1;
con1s++;
if(con1s==20)
   {
     con1s=0x00;
     timedata[0]++;
     if(timedata[0]>=10)
       {
       timedata[0]=0;timedata[1]++;
         if(timedata[1]>=6)
           {
               timedata[1]=0;timedata[2]++;
                 if(timedata[2]>=10)
                   {
                       timedata[2]=0;timedata[3]++;
                         if(timedata[3]>=6)
                           {
                             timedata[3]=0;timedata[4]++;
                               if(timedata[4]>=10)
                                 {
                                   timedata[4]=0;timedata[5]++;
                                 }
                                 if(timedata[5]==2 )
                                   {
                                   if(timedata[4]==4)
                                     {
                                         timedata[4]=0;timedata[5]=0;
                                     }
                                   }
                           }
                   }
           }
```

```
        }
    dis[0]＝timedata[0];dis[1]＝timedata[1];dis[2]＝timedata[2];
    dis[3]＝timedata[3];dis[4]＝timedata[4];dis[5]＝timedata[5];
      }
  ET0＝1;
}
/＊＊＊＊＊＊＊＊＊＊＊＊＊＊＊＊＊＊＊＊/
//     0.4 s 闪烁中断函数      //
/＊＊＊＊＊＊＊＊＊＊＊＊＊＊＊＊＊＊＊/
void time_intt1(void) interrupt 3
{
  EA＝0;TR1＝0;TH1＝0x3C;TL1＝0xB0;TR1＝1;
  con04s＋＋;
if(con04s＝＝8)
    {
      con04s＝0x00;
      dis[7]＝dis[con];dis[con]＝dis[6];dis[6]＝dis[7];
      }
  EA＝1;
}
```

```
// ＊＊＊＊＊＊＊＊＊＊＊＊＊＊＊＊＊＊结束＊＊＊＊＊＊＊＊＊＊＊＊＊＊＊＊＊＊＊＊＊＊＊＊//
```

以下是时钟计时器的汇编程序清单：

```
;＊＊＊＊＊＊＊＊＊＊＊＊＊＊＊＊＊＊＊＊＊＊＊＊＊＊＊＊＊＊＊＊＊＊＊＊＊＊＊＊＊＊;
;                    单片机实验板汇编演示程序                        ;
;＊＊＊＊＊＊＊＊＊＊＊＊＊＊＊＊＊＊＊＊＊＊＊＊＊＊＊＊＊＊＊＊＊＊＊＊＊＊＊＊＊＊;
;＊＊＊＊＊＊＊＊＊＊＊＊＊＊＊＊＊＊＊＊＊＊＊＊＊＊＊＊＊＊＊＊＊＊＊＊＊＊＊＊＊＊;
;以下程序能用于 24〈小〉时计时,能作为秒表使用,能定时闹铃 1 分〈钟〉(也可关)。能整点报时,能倒
;计时定时。使用方法：开机后从 00:00:00 起开始计时,(1) 长按 P1.0 键进入调分状态;分单元闪烁,
;按 P1.0 键加 1,按 P1.1 键减 1。再长按 P1.0 键进入时调整状态;时单元闪烁,加减调整同调分。再
;长按 P1.0 键退出调整状态。(2) 按下 P1.1 键进入秒表状态;按 P1.2 键暂停,再按 P1.2 键秒表清
;0,再按 P1.2 键秒表又启动,按 P1.1 键退出秒表回到时钟状态。(3) 按 P1.3 键进入设定闹时状态;
;显示样式为 00:00:-,可进行分设定,按 P1.2 键,分加 1;再按 P1.3 键为时调整,00:00:-,按 P1.2 键,
;时加 1;按 P1.1 键闹铃有效,显示为 00:00:-0,再按 P1.1 键闹铃无效(显示 00:00:- ,),按 P1.3 键调
;闹钟结束。在闹铃时可按 P1.3 键停闹,不按则闹铃 1〈分〉钟。按 P1.4 键进入倒计时定时模式,按
;P1.5 键进行分十位调整(加 1),按 P1.6 键进行分个位加 1,按 P1.4 键倒计时开始。当时间为 0 时,
;停止倒计时并发声提醒,倒计时过程中按 P1.4 键可退回到正常时钟状态。定时器 T0、T1 溢出周期
;为 50 ms,T0 为秒计数用,T1 为调整时闪烁及秒表定时用。P1.0、P1.1、P1.2、P1.3 为调整键,P0 口
;为字符输出口,P2 为扫描口,P1.7 为蜂鸣器口,采用共阳显示管。50H～55H 为闹钟定时单元,60H～
;65H 为秒表计时单元,70H～75H 为显示时间单元,76H～79H 为分时计时单元。03H＝0 时,时钟闪
;烁;03H＝1 时,秒表。05H＝0 时,不闹铃;05H＝1 时,要闹铃。07H 每秒改变一次,用作间隔鸣叫。
;＊＊＊＊＊＊＊＊＊＊＊＊＊＊＊＊＊＊＊＊＊＊＊＊＊＊＊＊＊＊＊＊＊＊＊＊＊＊＊＊＊＊;
```

```
DISPFIRST    EQU      30H                ;显示首址存放单元
BELL         EQU      P3.7               ;小喇叭
CONBS        EQU      2FH                ;存放报时次数
;
;*****************************************
;;              中断入口程序                 ;;
;*****************************************
;
             ORG      0000H              ;程序执行开始地址
             LJMP     START              ;跳到标号 START 执行
             ORG      0003H              ;外中断 0 中断程序入口
             RETI                        ;外中断 0 中断返回
             ORG      000BH              ;定时器 T0 中断程序入口
             LJMP     INTT0              ;跳至 INTT0 执行
             ORG      0013H              ;外中断 1 中断程序入口
             RETI                        ;外中断 1 中断返回
             ORG      001BH              ;定时器 T1 中断程序入口
             LJMP     INTT1              ;跳至 INTT1 执行
             ORG      0023H              ;串行中断程序入口地址
             RETI                        ;串行中断程序返回
;
;*****************************************
;;              以下是程序开始                 ;;
;*****************************************
;整点报时用
QQQQ:        MOV      A,#10
             MOV      B,79H
             MUL      AB
             ADD      A,78H
             JZ       OUTQQ
             MOV      CONBS,A
BSLOOP:      LCALL    DS20MS
             MOV      P3,#00H
             LCALL    DL1S
             LCALL    DL1S
             MOV      P3,#0FFH
             LCALL    DL1S
             DJNZ     CONBS,BSLOOP
OUTQQ:       CLR      08H                ;清整点报时标志
             AJMP     START1
;
DJS:         LCALL    DS20MS
```

```
                JB        P1.4,START1
WAITH111:       JNB       P1.4,WAITH111        ;等待键释放
                LJMP      DJSST
;************************************************
;;                    主程序开始                      ;;
;************************************************
;
START:          LCALL     ST                   ;上电显示年、月、日及班级学号
                LCALL     STFUN0               ;流水灯
                MOV       R0,#08H              ;清 00H~7FH 内存单元
                MOV       R7,#77H
CLEARDISP:      MOV       @R0,#00H
                INC       R0
                DJNZ      R7,CLEARDISP
                MOV       20H,#00H             ;清 20H(标志用)
                MOV       7AH,#0AH             ;放入"熄灭符"数据
                MOV       TMOD,#11H            ;设 T0、T1 为 16 位定时器
                MOV       TL0,#0B0H            ;50 ms 定时初值(T0 计时用)
                MOV       TH0,#3CH             ;50 ms 定时初值
                MOV       TL1,#0B0H            ;50 ms 定时初值(T1 闪烁定时用)
                MOV       TH1,#3CH             ;50 ms 定时初值
                SETB      EA                   ;总中断开放
                SETB      ET0                  ;允许 T0 中断
                SETB      TR0                  ;开启 T0 定时器
                MOV       R4,#14H              ;1 s 定时用计数值(50 ms×20)
                MOV       DISPFIRST,#70H       ;显示单元为 70H~75H
;以下为主程序循环
START1:         LCALL     DISPLAY              ;调用显示子程序
                JNB       P1.0,SETMM1          ;P1.0 口为 0 时,转时间调整程序
                JNB       P1.1,FUNSS           ;秒表功能,当 P1.1 按键调时时,进行减 1 操作
                JNB       P1.2,FUNPT           ;秒表 STOP、PUSE、CLR
                JNB       P1.3,TSFUN           ;定时闹铃设定
                JNB       P1.4,DJS             ;倒计时功能
                JB        08H,QQQQ
                AJMP      START1               ;P1.0 口为 1 时,跳回 START1
;
FUNPT:          LJMP      FUNPTT
;以下为闹铃时间设定程序,按 P1.3 键进入设定
TSFUN:          LCALL     DS20MS
                JB        P1.3,START1
WAIT113:        JNB       P1.3,WAIT113         ;等待键释放
                JB        05H,CLOSESP          ;若闹铃已开,则关闹铃
                MOV       DISPFIRST,#50H       ;进入闹铃设定程序,显示 50H~55H 闹钟定时单元
```

```
                MOV      50H,#0CH           ;"-"(闹铃设定时,显示式样为 00:00:-)
                MOV      51H,#0AH           ;"黑"
;
DSWAIT:         SETB     EA
                LCALL    DISPLAY
                JNB      P1.2,DSFINC        ;分加 1
                JNB      P1.0,DSDEC         ;分减 1
                JNB      P1.3,DSSFU         ;进入时调整
                AJMP     DSWAIT
;
CLOSESP:        CLR      05H                ;关闹铃标志
                CLR      BELL
                AJMP     START1
DSSFU:          LCALL    DS20MS             ;消抖
                JB       P1.3, DSWAIT
                LJMP     DSSFUNN            ;进入时调整
;
SETMM1:         LJMP     SETMM              ;转到时间调整程序 SETMM
;
DSFINC:         LCALL    DS20MS             ;消抖
                JB       P1.2, DSWAIT
DSWAIT12:       LCALL    DISPLAY            ;等待键释放
                JNB      P1.2, DSWAIT12
                CLR      EA
                MOV      R0,#53H
                LCALL    ADD1               ;闹铃设定分加 1
                MOV      A,R3               ;分数据放入 A

                CLR      C                  ;清进位标志
                CJNE     A,#60II,ADDIIII22
ADDHH22:        JC       DSWAIT             ;小于 60 min 时返回
                ACALL    CLR0               ;大于或等于 60 min 时,分计时单元清 0
                AJMP     DSWAIT
DSDEC :         LCALL    DS20MS             ;消抖
                JB       P1.0, DSWAIT
DSWAITEE:       LCALL    DISPLAY            ;等待键释放
                JNB      P1.0, DSWAITEE
                CLR      EA
                MOV      R0,#53H
                LCALL    sub1               ;闹铃设定分减 1
                LJMP     DSWAIT
```

;以下为秒表功能/时钟转换程序

```
;按下 P1.1 键可进行功能转换
FUNSS：      LCALL    DS20MS
             JB       P1.1,START11
WAIT11：     JNB      P1.1,WAIT11
             CPL      03H
             JNB      03H,TIMFUN
             MOV      DISPFIRST,#60H        ;显示秒表数据单元
             MOV      60H,#00H
             MOV      61H,#00H
             MOV      62H,#00H
             MOV      63H,#00H
             MOV      64H,#00H
             MOV      65H,#00H
             MOV      TL1,#0F0H             ;10 ms 定时初值（）
             MOV      TH1,#0D8H             ;10 ms 定时初值
             SETB     TR1
             SETB     ET1
START11：    LJMP     START1
TIMFUN：     MOV      DISPFIRST,#70H        ;显示时钟数据单元
             CLR      ET1
             CLR      TR1
START12：    LJMP     START1
;以下为秒表暂停/清 0 功能程序
;按下 P1.2 键暂停或清 0,按下 P1.1 键退出秒表回到时钟计时
FUNPTT：     LCALL    DS20MS
             JB       P1.2,START12
WAIT22：     JNB      P1.2,WAIT21
             CLR      ET1
             CLR      TR1
WAIT33：     JNB      P1.1,FUNSS
             JB       P1.2,WAIT31
             LCALL    DS20MS
             JB       P1.2,WAIT33
WAIT66：     JNB      P1.2,WAIT61
             MOV      60H,#00H
             MOV      61H,#00H
             MOV      62H,#00H
             MOV      63H,#00H
             MOV      64H,#00H
             MOV      65H,#00H
WAIT44：     JNB      P1.1,FUNSS
             JB       P1.2,WAIT41
             LCALL    DS20MS
```

```
                JB        P1.2,WAIT44
WAIT55：         JNB       P1.2,WAIT51
                SETB      ET1
                SETB      TR1
                AJMP      START1
;以下为键等待释放时显示不会熄灭用
WAIT21：         LCALL     DISPLAY
                AJMP      WAIT22
WAIT31：         LCALL     DISPLAY
                AJMP      WAIT33
WAIT41：         LCALL     DISPLAY
                AJMP      WAIT44
WAIT51：         LCALL     DISPLAY
                AJMP      WAIT55
WAIT61：         LCALL     DISPLAY
                AJMP      WAIT66
;************************
;;               1 s 计时程序                 ;;
;************************
;T0 中断服务程序
INTT0：          PUSH      ACC               ;累加器入栈保护
                PUSH      PSW               ;状态字入栈保护
                CLR       ET0               ;关 T0 中断允许
                CLR       TR0               ;关闭定时器 T0
                MOV       A,#0B7H           ;中断响应时间同步修正
                ADD       A,TL0             ;低 8 位初值修正
                MOV       TL0,A             ;重装初值(低 8 位修正值)
                MOV       A,#3CH            ;高 8 位初值修正
                ADDC      A,TH0
                MOV       TH0,A             ;重装初值(高 8 位修正值)
                SETB      TR0               ;开启定时器 T0
                SETB      P3.6
                DJNZ      R4,OUTT0          ;20 次中断未到中断退出
ADDSS：          MOV       R4,#14H           ;20 次中断到(1 s)重赋初值
                CLR       P3.6
                CPL       07H               ;闹铃时间隔鸣叫用
                MOV       R0,#71H            ;指向秒计时单元(71H--72H)
                ACALL     ADD1              ;调用加 1 程序(加 1 s 操作)
                MOV       A,R3              ;秒数据放入 A(R3 为 2 位十进制数组合)
                CLR       C                 ;清进位标志
                CJNE      A,#60H,ADDMM
ADDMM：          JC        OUTT0             ;小于 60 s 时,中断退出
                ACALL     CLR0              ;大于或等于 60 s 时,对秒计时单元清 0
```

```
          MOV     R0,#77H          ;指向分计时单元(76H~77H)
          ACALL   ADD1            ;分计时单元加 1 min
          MOV     A,R3            ;分数据放入 A
          CLR     C               ;清进位标志
          CJNE    A,#60H,ADDHH
ADDHH：   JC      OUTT0           ;小于 60 min 时,中断退出
          ACALL   CLR0            ;大于或等于 60 min 时,分计时单元清 0
          LCALL   DS20MS          ;正点报时
          SETB    08H
          MOV     R0,#79H          ;指向小时计时单元(78H~79H)
          ACALL   ADD1            ;小时计时单元加 1 h
          MOV     A,R3            ;时数据放入 A
          CLR     C               ;清进位标志
          CJNE    A,#24H,HOUR
HOUR：    JC      OUTT0           ;小于 24 h 时,中断退出
          ACALL   CLR0            ;大于或等于 24 h 时,计时单元清 0
OUTT0：   MOV     72H,76H          ;中断退出时,将分、时计时单元数据移入对应显
                                  ;示单元
          MOV     73H,77H
          MOV     74H,78H
          MOV     75H,79H
          LCALL   BAOJ
          POP     PSW             ;恢复状态字(出栈)
          POP     ACC             ;恢复累加器
          SETB    ET0             ;开放 T0 中断
          RETI                    ;中断返回
;
;**********************************************
;;            闪烁调时程序/秒表功能程序              ;;
;**********************************************
;T1 中断服务程序,用作时间调整时调整单元闪烁指示或秒表计时
INTT1：   PUSH    ACC             ;中断现场保护
          PUSH    PSW
          JB      06H,DJSFUN
          JB      03H, MMFUN       ;等于 1 时,为秒表
          MOV     TL1,#0B0H        ;装定时器 T1 定时初值
          MOV     TH1,#3CH
          DJNZ    R2,INTT1OUT      ;0.3 s 未到,退出中断(50 ms 中断 6 次)
          MOV     R2,#06H          ;重装 0.3 s 定时用初值
          CPL     02H             ;0.3 s 定时到,对闪烁标志取"反"
          JB      02H,FLASH1       ;02H 位为 1 时,显示单元"熄灭"
          MOV     72H,76H          ;02H 位为 0 时,正常显示
          MOV     73H,77H
```

|          | MOV   | 74H,78H        |                                    |
|----------|-------|----------------|------------------------------------|
|          | MOV   | 75H,79H        |                                    |
| INTT1OUT: | POP   | PSW            | ;恢复现场                          |
|          | POP   | ACC            |                                    |
|          | RETI  |                | ;中断退出                          |
| FLASH1:  | JB    | 01H,FLASH2     | ;01H 位为 1 时,转〈小〉时熄灭控制   |
|          | MOV   | 72H,7AH        | ;01H 位为 0 时,"熄灭符"数据放入分〈钟〉 |
|          | MOV   | 73H,7AH        | ;显示单元(72H~73H)将不显示分〈钟〉数据 |
|          | MOV   | 74H,78H        |                                    |
|          | MOV   | 75H,79H        |                                    |
|          | AJMP  | INTT1OUT       | ;转中断退出                        |
| FLASH2:  | MOV   | 72H,76H        | ;01H 位为 1 时,"熄灭符"数据放入〈小〉时 |
|          | MOV   | 73H,77H        | ;显示单元(74H~75H)将不显示〈小〉时数据 |
|          | MOV   | 74H,7AH        |                                    |
|          | MOV   | 75H,7AH        |                                    |
|          | AJMP  | INTT1OUT       | ;转中断退出                        |
| ;        |       |                |                                    |
| DJSFUN:  | LJMP  | DJSS           |                                    |
| MMFUN:   | CLR   | TR1            |                                    |
|          | MOV   | A,#0F7H        | ;中断响应时间同步修正,重装初值(10 ms) |
|          | ADD   | A,TL1          | ;低 8 位初值修正                   |
|          | MOV   | TL1,A          | ;重装初值(低 8 位修正值)           |
|          | MOV   | A,#0D8H        | ;高 8 位初值修正                   |
|          | ADDC  | A,TH1          |                                    |
|          | MOV   | TH1,A          | ;重装初值(高 8 位修正值)           |
|          | SETB  | TR1            | ;开启定时器 T0                     |
|          | MOV   | R0,#61H        | ;指向秒计时单元(71H~72H)           |
|          | ACALL | ADD1           | ;调用加 1 程序(加 1 s 操作)        |
|          | CLR   | C              |                                    |
|          | MOV   | A,R3           |                                    |
|          | JZ    | FSS1           | ;加 1 后为 00,C=0                  |
|          | AJMP  | OUTT01         | ;加 1 后不为 00,C=1                |
| FSS1:    | ACALL | CLR0           | ;大于或等于 60 s 时,对秒计时单元清 0 |
|          | MOV   | R0,#63H        | ;指向分计时单元(76H~77H)           |
|          | ACALL | ADD1           | ;分计时单元加 1 min                |
|          | MOV   | A,R3           | ;分数据放入 A                      |
|          | CLR   | C              | ;清进位标志                        |
|          | CJNE  | A,#60H,ADDHH1  |                                    |
| ADDHH1:  | JC    | OUTT01         | ;小于 60 min 时,中断退出           |
|          | LCALL | CLR0           | ;大于或等于 60 min 时,分计时单元清 0 |
|          | MOV   | R0,#65H        | ;指向〈小〉时计时单元(78H~79H)       |
|          | ACALL | ADD1           | ;〈小〉时计时单元加 1 h             |

OUTT01:

| | POP | PSW | ;恢复状态字(出栈) |
|---|---|---|---|
| | POP | ACC | ;恢复累加器 |
| | RETI | | ;中断返回 |

;****************************************

;;　　　　　　　　加 1 子程序　　　　　　;;

;****************************************

| ADD1: | MOV | A,@R0 | ;取当前计时单元数据到 A |
|---|---|---|---|
| | DEC | R0 | ;指向前一地址 |
| | SWAP | A | ;A 中数据高 4 位与低 4 位交换 |
| | ORL | A,@R0 | ;前一地址中数据放入 A 中低 4 位 |
| | ADD | A,#01H | ;A 加 1 操作 |
| | DA | A | ;十进制调整 |
| | MOV | R3,A | ;移入 R3 寄存器 |
| | ANL | A,#0FH | ;高 4 位变为 0 |
| | MOV | @R0,A | ;放回前一地址单元 |
| | MOV | A,R3 | ;取回 R3 中暂存数据 |
| | INC | R0 | ;指向当前地址单元 |
| | SWAP | A | ;A 中数据高 4 位与低 4 位交换 |
| | ANL | A,#0FH | ;高 4 位变为 0 |
| | MOV | @R0,A | ;数据放入当前地址单元中 |
| | RET | | ;子程序返回 |

;

;****************************************

;;　　　　　　　　分减 1 子程序　　　　　　;;

;****************************************

| SUB1: | MOV | A,@R0 | ;取当前计时单元数据到 A |
|---|---|---|---|
| | DEC | R0 | ;指向前一地址 |
| | SWAP | A | ;A 中数据高 4 位与低 4 位交换 |
| | ORL | A,@R0 | ;前一地址中数据放入 A 中低 4 位 |
| | JZ | SUB11 | |
| | DEC | A | ;A 减 1 操作 |
| SUB111: | MOV | R3,A | ;移入 R3 寄存器 |
| | ANL | A,#0FH | ;高 4 位变为 0 |
| | CLR | C | ;清进位标志 |
| | SUBB | A,#0AH | |
| SUB1111: | JC | SUB1110 | |
| | MOV | @R0,#09H | ;大于或等于 0AH 时,为 9 |
| SUB110: | MOV | A,R3 | ;取回 R3 中暂存数据 |
| | INC | R0 | ;指向当前地址单元 |
| | SWAP | A | ;A 中数据高 4 位与低 4 位交换 |
| | ANL | A,#0FH | ;高 4 位变为 0 |
| | MOV | @R0,A | ;数据放入当前地址单元中 |

| | RET | | ;子程序返回 |
|---|---|---|---|
| ; | | | |
| SUB11： | MOV | A,♯59H | |
| | AJMP | SUB111 | |
| SUB1110： | MOV | A,R3 | ;移入 R3 寄存器 |
| | ANL | A,♯0FH | ;高 4 位变为 0 |
| | MOV | @R0,A | |
| | AJMP | SUB110 | |

```
;*****************************************
;;                时减 1 子程序                ;;
;*****************************************
```

| SUBB1： | MOV | A,@R0 | ;取当前计时单元数据到 A |
|---|---|---|---|
| | DEC | R0 | ;指向前一地址 |
| | SWAP | A | ;A 中数据高 4 位与低 4 位交换 |
| | ORL | A,@R0 | ;前一地址中数据放入 A 中低 4 位 |
| | JZ | SUBB11 | ;00 减 1 为 23(〈小〉时) |
| | DEC | A | ;A 减 1 操作 |
| SUBB111： | MOV | R3,A | ;移入 R3 寄存器 |
| | ANL | A,♯0FH | ;高 4 位变为 0 |
| | CLR | C | ;清进位标志 |
| | SUBB | A,♯0AH | ;时个位大于 9 时,为 9 |
| SUBB1111： | JC | SUBB1110 | |
| | MOV | @R0,♯09H | ;大于或等于 0AH 时,为 9 |
| SUBB110： | MOV | A,R3 | ;取回 R3 中暂存数据 |
| | INC | R0 | ;指向当前地址单元 |
| | SWAP | A | ;A 中数据高 4 位与低 4 位交换 |
| | ANL | A,♯0FH | ;高 4 位变为 0 |
| | MOV | @R0,A | ;时十位数据放入 |
| | RET | | ;子程序返回 |
| ; | | | |
| SUBB11： | MOV | A,♯23H | |
| | AJMP | SUBB111 | |
| SUBB1110： | MOV | A,R3 | ;时个位小于 0A 时,不处理 |
| | ANL | A,♯0FH | ;高 4 位变为 0 |
| | MOV | @R0,A | ;个位移入 |
| | AJMP | SUBB110 | |

```
;*****************************************
;;                清 0 程序                ;;
;*****************************************
```

;对计时单元复零用

| CLR0： | CLR | A | ;清累加器 |
|---|---|---|---|
| | MOV | @R0,A | ;清当前地址单元 |
| | DEC | R0 | ;指向前一地址 |

| | MOV | @R0,A | ;前一地址单元清 0 |
|---|---|---|---|
| | RET | | ;子程序返回 |

;

;***************************************

;;              时钟时间调整程序                    ;;

;***************************************

;当调时按键按下时进入此程序

| | | | |
|---|---|---|---|
| SETMM: | cLR | ET0 | ;关定时器 T0 中断 |
| | CLR | TR0 | ;关闭定时器 T0 |
| | LCALL | DL1S | ;调用 1 s 延时程序 |
| | LCALL | DS20MS | ;消抖 |
| | JB | P1.0,CLOSEDIS | ;键按下时间小于 1 s,关闭显示(省电) |
| | MOV | R2,#06H | ;进入调时状态,赋闪烁定时初值 |
| | MOV | 70H,#00H | ;调时时,秒单元为 00 s |
| | MOV | 71H,#00H | |
| | SETB | ET1 | ;允许 T1 中断 |
| | SETB | TR1 | ;开启定时器 T1 |
| SET2: | JNB | P1.0,SET1 | ;P1.0 口为 0(键未释放),等待 |
| | SETB | 00H | ;键释放,分调整闪烁标志置 1 |
| SET4: | JB | P1.0,SET3 | ;等待键按下 |
| | LCALL | DL05S | ;有键按下,延时 0.5 s |
| | LCALL | DS20MS | ;消抖 |
| | JNB | P1.0,SETHH | ;按下时间大于 0.5 s,转调〈小〉时状态 |
| | MOV | R0,#77H | ;按下时间小于 0.5 s,加 1 min 操作 |
| | LCALL | ADD1 | ;调用加 1 子程序 |
| | MOV | A,R3 | ;取调整单元数据 |
| | CLR | C | ;清进位标志 |
| | CJNE | A,#60H,HHH | ;调整单元数据与 60 比较 |
| HHH: | JC | SET4 | ;调整单元数据小于 60 时,转 SET4 循环 |
| | LCALL | CLR0 | ;调整单元数据大于或等于 60 时,清 0 |
| | CLR | C | ;清进位标志 |
| | AJMP | SET4 | ;跳转到 SET4 循环 |
| CLOSEDIS: | SETB | ET0 | ;省电(LED 不显示)状态,开 T0 中断 |
| | SETB | TR0 | ;开启 T0 定时器(开时钟) |
| CLOSE: | JB | P1.4,CLOSE | ;无按键按下,等待 |
| | LCALL | DS20MS | ;消抖 |
| | JB | P1.4,CLOSE | ;是干扰,返回 CLOSE 等待 |
| WAITH: | JNB | P1.4,WAITH | ;等待键释放 |
| | LJMP | START1 | ;返回主程序(LED 数据显示亮) |
| SETHH: | CLR | 00H | ;分闪烁标志清除(进入调〈小〉时状态) |
| | SETB | 01H | ;〈小〉时调整标志置 1 |
| SETHH1: | JNB | P1.0,SET5 | ;等待键释放 |
| SET6: | JB | P1.0,SET7 | ;等待按键按下 |

| | LCALL | DL05S | ;有键按下,延时 0.5 s |
|---|---|---|---|
| | LCALL | DS20MS | ;消抖 |
| | JNB | P1.0,SETOUT | ;按下时间大于 0.5 s 时,退出时间调整 |
| | MOV | R0,#79H | ;按下时间小于 0.5 s 时,加 1 h 操作 |
| | LCALL | ADD1 | ;调加 1 子程序 |
| | MOV | A,R3 | |
| | CLR | C | |
| | CJNE | A,#24H,HOUU | ;计时单元数据与 24 比较 |
| HOUU: | JC | SET6 | ;小于 24 时,转 SET6 循环 |
| | LCALL | CLR0 | ;大于或等于 24 时,清 0 操作 |
| | AJMP | SET6 | ;跳转到 SET6 循环 |
| SETOUT: | JNB | P1.0,SETOUT1 | ;调时退出程序。等待键释放 |
| | LCALL | DS20MS | ;消抖 |
| | JNB | P1.0,SETOUT | ;是抖动,返回 SETOUT 再等待 |
| | CLR | 01H | ;清调〈小〉时标志 |
| | CLR | 00H | ;清调分〈钟〉标志 |
| | CLR | 02H | ;清闪烁标志 |
| | CLR | TR1 | ;关闭定时器 T1 |
| | CLR | ET1 | ;关定时器 T1 中断 |
| | SETB | TR0 | ;开启定时器 T0 |
| | SETB | ET0 | ;开定时器 T0 中断(计时开始) |
| | LJMP | START1 | ;跳回主程序 |
| SET1: | LCALL | DISPLAY | ;键释放等待时,调用显示程序(调分) |
| | AJMP | SET2 | ;防止键按下时无时钟显示 |
| SET3: | LCALL | DISPLAY | ;等待调分按键时,时钟显示用 |
| | JNB | P1.1, FUNSUB | ;减 1 min 操作 |
| | AJMP | SET4 | ;调分等待 |
| SET5: | LCALL | DISPLAY | ;键释放等待时调用显示程序(调〈小〉时) |
| | AJMP | SETHH1 | ;防止键按下时无时钟显示 |
| SET7: | LCALL | DISPLAY | ;等待调〈小〉时按键时,时钟显示用 |
| | JNB | P1.1, FUNSUBB | ;〈小〉时减 1 操作 |
| | AJMP | SET6 | ;调时等待 |
| SETOUT1: | LCALL | DISPLAY | ;退出时钟调整时,键释放等待 |
| | AJMP | SETOUT | ;防止键按下时无时钟显示 |

```
;* * * * * * * * * * * * * * * * * * * * * * * * *
;FUNSUB,分减 1 程序
;* * * * * * * * * * * * * * * * * * * * * * * * *
```

| FUNSUB: | LCALL | DS20MS | ;消抖 |
|---|---|---|---|
| | JB | P1.1,SET41 | ;干扰,返回调分等待 |
| FUNSUB1: | JNB | P1.1,FUNSUB1 | ;等待键放开 |
| | MOV | R0,#77H | |
| | LCALL | SUB1 | ;分减 1 程序 |
| | LJMP | SET4 | ;返回调分等待 |
| ; | | | |

```
SET41:        LJMP      SET4
;******************************
;FUNSUBB,时减1程序
;******************************
FUNSUBB:      LCALL     DS20MS                  ;消抖
              JB        P1.1,SET61              ;干扰,返回调时等待
FUNSUBB1:     JNB       P1.1,FUNSUBB1           ;等待键放开
              MOV       R0,#79H
              LCALL     SUBB1                   ;时减1程序
              LJMP      SET6                    ;返回调时等待
;
SET61:        LJMP      SET6
;**********************************************
;;                    显示程序                    ;;
;**********************************************
;显示数据在70H～75H单元内,用6位LED共阳数码管显示,P0口输出段码数据,P2口作
;扫描控制,每个LED数码管亮1ms时间再逐位循环
DISPLAY:      MOV       R1,DISPFIRST            ;指向显示数据首址
              MOV       R5,#80H                 ;扫描控制字初值
PLAY:         MOV       A,R5                    ;扫描字放入A
              MOV       P2,A                    ;从P2口输出
              MOV       A,@R1                   ;取显示数据到A
              MOV       DPTR,#TAB               ;取段码表地址
              MOVC      A,@A+DPTR               ;查显示数据对应段码
              MOV       P0,A                    ;段码放入P1口
              MOV       A,R5                    
              JNB       ACC.5,LOOP5             ;小数点处理
              CLR       P0.7
LOOP5:        JNB       ACC.3,LOOP6             ;小数点处理
              CLR       P0.7
LOOP6:        LCALL     DL1MS                   ;显示1ms
              INC       R1                      ;指向下一地址
              MOV       A,R5                    ;扫描控制字放入A
              JB        ACC.2,ENDOUT            ;ACC.5=0时,一次显示结束
              RR        A                       ;A中数据循环左移
              MOV       R5,A                    ;放回R5内
              MOV       P0,#0FFH
              AJMP      PLAY                    ;跳回PLAY循环
ENDOUT:       MOV       P2,#00H                 ;一次显示结束,P2口复位
              MOV       P0,#0FFH                ;P0口复位
              RET                               ;子程序返回
TAB:          DB   0C0H,0F9H,0A4H,0B0H,99H,92H,82H,0F8H,80H,90H,0FFH,88H,0BFH
;共阳段码表         "0"  "1"  "2"  "3"  "4" "5" "6" "7"  "8" "9" "不亮" "A" "-"
;
```

```
;*************************
; SDISPLAY,上电显示子程序
;*************************
;不带小数点显示,有"A"、"-"显示功能
SDISPLAY：  MOV    R1,DISPFIRST
            MOV    R5,#80H         ;扫描控制字初值
SPLAY：     MOV    A,R5            ;扫描字放入 A
            MOV    P2,A            ;从 P2 口输出
            MOV    A,@R1           ;取显示数据到 A
            MOV    DPTR,#TABS      ;取段码表地址
            MOVC   A,@A+DPTR       ;查显示数据对应段码
            MOV    P0,A            ;段码放入 P1 口
            MOV    A,R5
            LCALL  DL1MS           ;显示 1 ms
            INC    R1              ;指向下一地址
            MOV    A,R5            ;扫描控制字放入 A
            JB     ACC.2,ENDOUTS   ;ACC.5=0 时,一次显示结束
            RR     A               ;A 中数据循环左移
            MOV    R5,A            ;放回 R5 内
            AJMP   SPLAY           ;跳回 PLAY 循环
ENDOUTS：   MOV    P2,#00H         ;一次显示结束,P2 口复位
            MOV    P0,#0FFH        ;P0 口复位
            RET                    ;子程序返回
TABS：      DB     0C0H,0F9H,0A4H,0B0H,99H,92H,82H,0F8H,80H,90H,0FFH,0C6H,
                   0BFH,88H
;显示数      "0    1    2    3    4    5    6    7    8    9    不亮   C   -   A "
;内存数      "0    1    2    3    4    5    6    7    8    9    0AH   0BH 0CH 0DH"
;STAB 表,启动时显示 2006 年 12 月 23 日、C04-2-28(学号)用
STAB：      DB     0AH,0AH,0AH,0AH,0AH,0AH,08H,02H,0CH,02H,0CH,04H,00H,0BH,
                   0AH,0AH
            DB     03H,02H,0CH,02H,01H,0CH,06H,00H,00H,02H,0AH,0AH,0AH,0AH,
                   0AH,0AH
;注：0A 不亮,0B 显示"A",0C 显示"-"
;
;*****************************
;ST,上电时显示年、月及班级用,采用移动显示,先右移,接着左移
;*****************************
ST：        MOV    R0,#40H         ;将显示内容移入 40H～5FH 单元
            MOV    R2,#20H
            MOV    R3,#00H
            MOV    R4,#0FEH
            MOV    P1,R4
            CLR    A
```

```
              MOV      DPTR,#STAB
SLOOP:        MOVC     A,@A+DPTR
              MOV      @R0,A
              MOV      A,R3
              INC      A
              MOV      R3,A
              INC      R0
              DJNZ     R2,SLOOP            ;移入完毕
              MOV      DISPFIRST,#5AH     ;以下程序从右往左移
              MOV      R3,#1BH            ;显示 27 个单元
SSLOOP2:      MOV      R2,#25            ;控制移动速度
SSLOOP12:     LCALL    SDISPLAY
              DJNZ     R2,SSLOOP12
              MOV      A,R4
              RL       A
              MOV      R4,A
              MOV      P1,A
              DEC      DISPFIRST
              DJNZ     R3,SSLOOP2
              MOV      P1,#0FFH
              MOV      DISPFIRST,#40H     ;以下程序从左往右移
SSLOOP:       MOV      R2,#25            ;控制移动速度
SSLOOP1:      LCALL    SDISPLAY
              DJNZ     R2,SSLOOP1
              MOV      A,R4
              RL       A
              MOV      R4,A
              MOV      P3,A
              INC      DISPFIRST
              MOV      A,DISPFIRST
              CJNE     A,#5AH,SSLOOP
              MOV      P3,#0FFH
              RET
;*******************************************
;;                    延时程序                    ;;
;*******************************************
;
;1 ms 延时程序,LED 显示程序用
DL1MS:        MOV      R6,#14H
DL1:          MOV      R7,#19H
DL2:          DJNZ     R7,DL2
              DJNZ     R6,DL1
              RET
```

```
DL50MS:      MOV      R5,#50
DLMS:        LCALL    DL1MS
             DJNZ     R5,DLMS
             RET
```

;20 ms 延时程序,采用调用显示子程序,以改善 LED 的显示闪烁现象

```
DS20MS:      CLR      BELL
             LCALL    DISPLAY
             LCALL    DISPLAY
             LCALL    DISPLAY
             SETB     BELL
             RET
```

;延时程序,用作按键时间的长短判断

```
DL1S:        LCALL    DL05S
             LCALL    DL05S
             RET
DL05S:       MOV      R3,#20H            ;8 ms×32=0.256 s
DL05S1:      LCALL    DISPLAY
             DJNZ     R3,DL05S1
             RET
```

; * * * * * * * * * * * * * * * * * * * * * * * * * * * * * * * * * *
;以下是闹铃时间设定程序中的时调整程序
; * * * * * * * * * * * * * * * * * * * * * * * * * * * * * * * * * *

```
DSSFUNN:     LCALL    DISPLAY            ;等待键释放
             JNB      P1.3, DSSFUNN
             MOV      50H,#0AH           ;时调整时,显示为 00:00:-.
             MOV      51H,#0CH
WAITSS:      SETB     EA
             LCALL    DISPLAY
             JNB      P1.2,FFFF          ;时加 1 键
             JNB      P1.0,DDDD          ;时减 1
             JNB      P1.3,OOOO          ;闹铃设定退出键
             JNB      P1.1,ENA           ;闹铃设定有效或无效按键
             AJMP     WAITSS
OOOO:        LCALL    DS20MS             ;消抖
             JB       P1.3, WAITSS
DSSFUNNM:    LCALL    DISPLAY            ;键释放等待
             JNB      P1.3, DSSFUNNM
             MOV      DISPFIRST,#70H
             LJMP     START1
ENA:         LCALL    DS20MS             ;消抖
             JB       P1.1, WAITSS
DSSFUNMMO:   LCALL    DISPLAY            ;键释放等待
             JNB      P1.1, DSSFUNMMO
```

```
            CPL      05H
            JNB      05H,WAITSS11
            MOV      50H,#00H              ;05H=1,闹铃开,显示为 00:00:0
            AJMP     WAITSS
WAITSS11:   MOV      50H,#0aH              ;闹铃不开,显示为 00:00:-
            AJMP     WAITSS
FFFF:       LCALL    DS20MS                ;消抖
            JB       P1.2,WAITSS
DSSFUNMM:   LCALL    DISPLAY               ;键释放等待
            JNB      P1.2,DSSFUNMM
            CLR      EA
            MOV      R0,#55H
            LCALL    ADD1
            MOV      A,R3

            CLR      C
            CJNE     A,#24H,ADDHH33N
ADDHH33N:   JC       WAITSS                ;小于 24 h 时,返回
            ACALL    CLR0                  ;大于或等于 24 h 时,清 0
            AJMP     WAITSS
DDDD:       LCALL    DS20MS                ;消抖
            JB       P1.0,WAITSS
DSSFUNDD:   LCALL    DISPLAY               ;键释放等待
            JNB      P1.0,DSSFUNDD
            CLR      EA
            MOV      R0,#55H
            LCALL    SUBB1
            LJMP     WAITSS

; * * * * * * * * * * * * * * * * * * * * * * * * * *
;以下是闹铃判断子程序
; * * * * * * * * * * * * * * * * * * * * * * * * * *

BAOJ:       JNB      05H,BBAO              ;05H=1,闹钟开,要比较数据
            MOV      A,79H                 ;从时十位、个位、分十位、分个位顺序比较
            CJNE     A,55H,BBAO
            MOV      A,78H
            CLR      C
BB3:        CJNE     A,54H,BBAO
            MOV      A,77H
            CLR      C
            CJNE     A,53H,BBAO
            MOV      A,76H
            CLR      C
BB2:        CJNE     A,52H,BBAO
```

```
          JNB        07H,BBAO            ;07H 在 1 s 到时会取"反"
          CLR        BELL               ;时、分相同时,鸣叫(1 s 间隔叫)

          RET
;
BBAO:     SETB       BELL               ;不相同时,闹铃不开

          RET
;***************************************************
;倒计时调分十位数
SADD:     LCALL      DS20MS
          JB         P1.5,LOOOP
SADDWAIT: JNB        P1.5,SADDWAIT
          INC        65H                ;十位加 1
          MOV        A,#9
          SUBB       A,65H
          JNC        LOOOP
          MOV        65H,#00H           ;大于 9 为 0
          AJMP       LOOOP
;倒计时调分个位数
GADD:     LCALL      DS20MS
          JB         P1.6,LOOOP
GADDWAIT: JNB        P1.6,GADDWAIT
          INC        64H                ;十位加 1
          MOV        A,#9
          SUBB       A,64H
          JNC        LOOOP
          MOV        64H,#00H           ;大于 9 为 0
          AJMP       LOOOP
;倒计时程序
DJSST:
          CPL        06H
          JNB        06H,TIMFUNN
          MOV        DISPFIRST,#60H     ;显示秒表数据单元
          MOV        60H,#00H
          MOV        61H,#00H
          MOV        62H,#00H
          MOV        63H,#00H
          MOV        64H,#01H
          MOV        65H,#00H
          MOV        TL1,#0F0H          ;10 ms 定时初值()
          MOV        TH1,#0D8H          ;10 ms 定时初值
LOOOP:    LCALL      DISPLAY            ;倒计时准备,等待键按下
          JNB        P1.5,SADD
```

```
                JNB       P1.6,GADD
                JB        P1.4,LOOOP
                LCALL     DS20MS
                JB        P1.4,LOOOP
                SETB      TR1                 ;倒计时开始
                SETB      ET1
LOOOPP：        LCALL     DISPLAY
                JNB       P1.4,LOOOPP
START11222：    LJMP      START1
TIMFUNN：       MOV       DISPFIRST,#70H      ;显示计时数据单元
                CLR       ET1
                CLR       TR1
                LJMP      START1
;
DJSS：          CLR       TR1
                MOV       A,#0F7H             ;中断响应时间同步修正,重装初值(10 ms)
                ADD       A,TL1               ;低 8 位初值修正
                MOV       TL1,A               ;重装初值(低 8 位修正值)
                MOV       A,#0D8H             ;高 8 位初值修正
                ADDC      A,TH1
                MOV       TH1,A               ;重装初值(高 8 位修正值)
                SETB      TR1                 ;开启定时器 T0
                MOV       A,61H
                SWAP      A
                ORL       A,60H
                JZ        FSS111
                SUBB      A,#01H
                MOV       R3,A
                ANL       A,#0F0H
                SWAP      A
                MOV       61H,A
                MOV       A,R3
                ANL       A,#0FH
                MOV       60H,A
                CJNE      A,#0AH,JJJ
JJJ：           JC        OUTT011
                MOV       60H,#09
                AJMP      OUTT011             ;加 1 后不为 00,C=1
FSS111：        MOV       60H,#09
                MOV       61H,#09
                MOV       A,63H
                SWAP      A
                ORL       A,62H
                JZ        FSS222
```

|        | SUBB  | A,#01H            |                          |
|--------|-------|------------------|--------------------------|
|        | MOV   | R3,A             |                          |
|        | ANL   | A,#0F0H          |                          |
|        | SWAP  | A                |                          |
|        | MOV   | 63H,A            |                          |
|        | MOV   | A,R3             |                          |
|        | ANL   | A,#0FH           |                          |
|        | MOV   | 62H,A            |                          |
|        | CJNE  | A,#0AH,KKK       |                          |
| KKK:   | JC    | OUTT011          |                          |
|        | MOV   | 62H,#09          |                          |
|        | AJMP  | OUTT011          | ;加 1 后不为 00,C=1       |
| FSS222:| MOV   | 62H,#09          |                          |
|        | MOV   | 63H,#05          | ;小于 60 min 时,中断退出   |
|        | MOV   | A,65H            |                          |
|        | SWAP  | A                |                          |
|        | ORL   | A,64H            |                          |
|        | JZ    | FSS333           |                          |
|        | SUBB  | A,#01H           |                          |
|        | MOV   | R3,A             |                          |
|        | ANL   | A,#0F0H          |                          |
|        | SWAP  | A                |                          |
|        | MOV   | 65H,A            |                          |
|        | MOV   | A,R3             |                          |
|        | ANL   | A,#0FH           |                          |
|        | MOV   | 64H,A            |                          |
|        | CJNE  | A,#0AH,qqq       |                          |
| qqq:   | JC    | OUTT011          |                          |
|        | MOV   | 64H,#09          |                          |
|        | AJMP  | OUTT011          | ;加 1 后不为 00,C=1       |
| FSS333:| MOV   | 64H,#00          |                          |
|        | MOV   | 65H,#00          |                          |
|        | MOV   | 63H,#00          |                          |
|        | MOV   | 62H,#00          |                          |
|        | MOV   | 61H,#00          |                          |
|        | MOV   | 60H,#00          |                          |
|        | CLR   | BELL             |                          |
|        | CLR   | TR1              |                          |
|        | CLR   | ET1              |                          |
| OUTT011:|      |                  |                          |
|        | POP   | PSW              | ;恢复状态字(出栈)          |
|        | POP   | ACC              | ;恢复累加器               |
|        | RETI  |                  | ;中断返回                 |

;

```
;开机流水灯子程序
STFUN0：    MOV      A，#0FEH
FUN0011：   MOV      P1，A
            LCALL    DL50MS
            JNB      ACC.7，MAINEND
            RL       A
            AJMP     FUN0011
MAINEND：   MOV      P1，#0FFH
            MOV      A，#0FEH
FUN0022：   MOV      P3，A
            LCALL    DL50MS
            JNB      ACC.7，MAINEND1
            RL       A
            AJMP     FUN0022
MAINEND1：  MOV      P3，#0FFH
            RET
;************************************************************
            END                            ;程序结束
```

## 12.2  单片机实验成绩评分细则

（1）实验成绩总评分为 100 分，按 30％计入课程总分（理论考试（机考）占 50％，平时与作业成绩占 20％）。

（2）实验项目为时钟电路的设计，共 16 学时，两天内在实验室完成编程、程序烧录、实验报告。

（3）实验成绩按实际编程能力（实现的功能）、实验报告两部分评分，其中：

① 实际编程能力与设计功能分：共 65 分。最高分为 65 分，基本分为 40 分，以实验时教师的观察、询问及实现的时钟功能多少来评分。完成基本功能的为 40 分（时钟能走，能调时）；能调时、分加 5 分；调时、分时能减 1 的加 5 分，调时、分时能闪烁的加 5 分；开机能显示班级及年、月的加 5 分；有秒表功能的加 5 分；有倒计时定时功能的加 5 分，能定时闹钟的加 5 分，能整点报时的加 5 分，所有按键能发声的加 5 分；能快加、快减的加 5 分。

② 实验报告：共 35 分。系统实现功能与程序设计方案描述 10 分；主要程序清单及设计的说明 20 分；实验体会 5 分。

（4）结合实验时是否准时到课、实验纪律、独立设计动手能力等适当加减分。

## 12.3  时钟电路的设计制作实验报告内容

（1）系统实现功能与程序设计方案描述（程序设计部分需画出流程图）（10 分）。

（2）主要程序（1 s 计时中断程序、计数运算程序、按键调时程序和其他功能程序）清单及设计的说明（20 分，内容多可另附纸）。

（3）实验体会（5 分）。

# 第 13 章　单片机课程设计

## 13.1　课程设计教学大纲

课程设计大纲编号：××××。

课内总学时：1.5～2 周。

适用专业：电气工程及自动化、电子信息工程等。

课程类别：必修。

**1. 课程设计的任务和目的**

课程设计要求学生在 1.5～2 周内设计一个单片机应用系统，完成硬件电路的制作及设计报告。通过设计实践，使学生掌握单片机的应用特点、编程方法，学会单片机实际应用系统的设计开发过程及设计报告的规范书写，为毕业设计打下良好的基础。

**2. 课程设计内容及基本要求**

(1) 课程设计题目可从如下方面参考选择：

① 单片机在计时控制方面的应用设计。

② 单片机在字符显示技术方面的应用设计。

③ 单片机 A/D、D/A 转换技术方面的应用设计。

④ 单片机在红外线发送与接收方面的应用设计。

⑤ 单片机遥控技术方面的应用设计。

⑥ 单片机与 PC 机通信技术方面的应用设计。

⑦ 单片机在其他领域的综合应用设计(学生自拟)。

(2) 基本要求：

① 完成系统硬件的制作，能演示系统功能。

② 完成设计报告，设计报告的内容及格式应统一(由教师提供范文)。

**3. 课程设计方法**

课程设计在实验室集中或分散进行，制作硬件的元器件及设计报告的打印由实验室提供，每个学生独立选题或分组选题并在教师的指导下完成设计任务。

**4. 相关课程与环节**

先修课程：计算机应用基础、模拟电子电路技术、脉冲与数字电路和 Altium Designer (Protel)等。

**5. 时间与学时分配**

(1) 课程设计时间宜安排在期末(授课及实验结束后)。

(2) 学时分配：共 1.5～2 周(需要答辩的含答辩时间 1～2 天)。

**6. 考核与成绩评定**

课程设计成绩按学生在课程设计期间的学习态度、设计实物、设计报告并结合答辩情况，按五级评分制(优、良、中、及格、不及格)综合评定。

# 13.2　课程设计教学计划

**1. 课程设计对象**

电气工程及自动化、电子信息工程等专业学生。

**2. 课程设计的任务和目的**

本课程设计要求学生在 1.5～2 周内编程设计一个单片机应用系统,完成设计报告。通过设计实践,使学生掌握单片机的应用特点、编程方法,学会单片机实际应用系统的设计开发过程及设计报告的规范书写,为毕业设计打下良好的基础。

**3. 课程设计内容及要求**

(1) 课程设计题目可以选择以下之一,也可以学生自己出题,但需经老师批准。

① 单片机在计时控制方面的应用设计。

② 单片机在字符显示技术方面的应用设计。

③ 单片机 A/D、D/A 转换技术方面的应用设计。

④ 单片机在红外线发送与接收方面的应用设计。

⑤ 单片机遥控技术方面的应用设计。

⑥ 单片机与 PC 机通信技术方面的应用设计。

⑦ 其他学生自选题目。

(2) 具体要求:

① 完成控制程序的编制,能演示系统功能。

② 完成设计并上交纸质设计报告 1 份。

③ 系统功能要求学生自拟,设计报告格式规范见 13.3 节。

**4. 时间与学时安排**

(1) 课程设计时间在学期第 17～18 周(共 1.5～2 周)。

(2) 总体教学时间安排如表 13.1 所列。

表 13.1　总体教学时间安排

| 教学任务与内容 | 时　间 | 辅导教师 | 地　点 |
|---|---|---|---|
| 课程设计任务布置与学生选题 | 2 学时 | ×××　电话: | 实验楼或教室 |
| 课程设计辅导 | 在规定学时内学生在实验室或寝室用实验板完成设计任务 | ×××　电话: | 实验楼 |
| 课程设计报告上交与答辩 | 在规定时间内由班长收齐后统一交老师办公室 | ×××　电话: | 实验楼或教室 |

**5. 考核与成绩评定**

课程设计成绩按学生在课程设计期间的学习态度、设计实物、设计报告并结合答辩情况,按 5 级评分制综合评定。

**6. 评分标准**

学习态度与考勤占 20％，设计报告占 60％，答辩占 20％。设计报告按版面格式、文字语法、观点正确性、图表规范性、程序正确性等综合评分。

# 13.3　设计报告格式要求

**设计报告题目(三号宋体加粗居中)**
姓名，班级，学号(小四号宋体居中)

**1. 系统功能的确定(小四号宋体加粗)**
正文(小四号宋体)
**2. 方案论证**
2.1　方案一
2.2　方案二
2.3　方案三
系统方案的选定并给出总体框图。
**3. 系统硬件的设计**
3.1　主控制器的设计(电路图及设计说明)
3.2　接口电路的设计
3.3　等等
**4. 系统软件的设计**
4.1　主程序的设计(程序流程图及说明)
4.2　键扫描程序的设计
4.3　等等
**5. 系统调试**
5.1　硬件调试
5.2　软件调试
5.3　综合调试
**6. 指标测试**
6.1　测试仪器
6.2　指标测试
**7. 结　论**
对课程设计的结果进行总结。

# 第 14 章　单片机课程设计实验电路板介绍

## 14.1　实验板功能

　　"单片机原理与应用"作为一门工科类大学生的专业基础课,具有实用性强且难学的特点,因此单片机课程的实验内容对学生实践动手创造能力的培养最为重要。本章介绍一套用于单片机课程设计实验的电路板设计方案,采用中文液晶显示器,在板上可做实时时钟编程实验、数显温度计编程实验、超声波测距编程实验、红外线遥控发射与接收编程实验、正弦波信号源编程实验、串行通信编程实验、PS/2 鼠标编程实验、音乐编程实验和数据存储器编程实验等。通过将以上编程实验项目进行适当组合,可成为功能复杂的单片机应用设计项目,非常适合在学习单片机理论知识后进行单片机应用的综合设计训练。实验过程可从学生焊接元件开始到编程实现控制功能,既培养了学生的学习兴趣,又使学生掌握了单片机设计的方法与过程,教学效果很好。

## 14.2　实验板电路原理

　　图 14.1 所示为单片机综合实验电路板的电路设计原理图。该电路板由单片机控制器、中文液晶显示器、实时时钟、测温传感器、红外线发射与接收电路、$I^2C$ 存储器、超声波发射与接收电路、D/A 转换器、PS/2(3D 鼠标)接口、旋转编码开关、串行通信口、LED 小灯、蜂鸣器、按键开关以及电源电路等组成。

### 1. 单片机控制器

　　单片机采用华邦公司或宏晶公司的在线编程系列。W78E516B 是华邦公司 2000 年发布的一种可用于在线编程的 8 位单片机,它的指令设置与 8052 标准完全兼容。W78E516B 包含一个 64 KB 的主 Flash $E^2$PROM 和一个特有的 4 KB 的附加 Flash EPROM,其中 64 KB $E^2$PROM 中的内容可被装在 4 KB 附加 EPROM 中的装载程序更新。在实验中,利用计算机的超级终端直接进行程序的实时下载,省去了代码烧写器及仿真器等单片机开发工具,学生可随时修改程序并下载到实验板中实时运行程序(目前使用宏晶公司生产的 STC 系列单片机,公司网上有在线下载程序)。

### 2. 中文液晶显示器

　　中文液晶显示器采用 12232F。它是一款内置 8 192 个 16×16 点中文汉字库和 128 个 16×8点 ASCII 字符集图形点阵液晶显示器,既可显示图形,也可以显示 7.5 个×2 行(16×16 点阵)的中文汉字;与单片机接口可采用并行或串行方式控制,实验电路中采用串行控制方式;可进行背光灯的控制及中英文与数字的显示刷新。

### 3. 实时时钟

　　实时时钟芯片采用美国 DALLAS 公司的 DS1302。它是一款高性能、低功耗、带 RAM 的

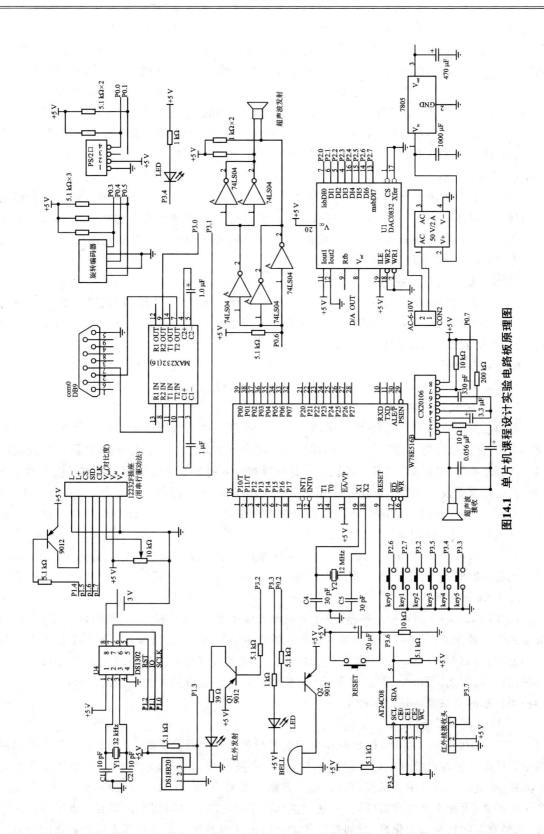

**图14.1　单片机课程设计实验电路板原理图**

实时计时芯片。DS1302 不仅计时准确,而且可以在很小电流的后备电源(2.5～5.5 V 电源,在 2.5 V 时耗电小于 300 nA)下继续计时。DS1302 时钟芯片包括实时时钟/日历和 31 字节的静态 RAM。它经过一个简单的串行接口与单片机通信。实时时钟提供秒、分、时、日、周、月和年等信息。对于小于 31 天的月和月末的日期自动进行调整,还包括闰年校正的功能。时钟的运行可以采用 24〈小〉时或带 AM(上午)/PM(下午)的 12〈小〉时格式。DS1302 采用三线接口与单片机进行同步通信。DS1302 有主电源/后备电源双电源引脚,$V_{CC1}$ 在单电源与电池供电的系统中提供低电源并提供低功率的电池备份;$V_{CC2}$ 在双电源系统中提供主电源。

### 4. 测温传感器

测温传感器采用美国 DALLAS 半导体公司继 DS1820 之后推出的一种改进型智能温度传感器 DS18B20。DS18B20 的测温范围为 −55～125 ℃,分辨率最大可达 0.062 5 ℃;可根据实际要求通过简单的编程实现 9～12 位的数字值读数;采用单线与单片机通信,减少了外部的硬件电路;具有低成本和易使用的特点。

### 5. 红外线发射与接收电路

红外线遥控信息码由单片机的定时器调制成 38.5 kHz 红外线载波信号,通过三极管 9012 放大后由红外线发射管发送。红外线接收处理采用通用的集成模块化 3 引脚红外接收器,输出为检波整形过的方波信号。

### 6. I²C 存储器

存储器采用 AT24C08,采用 I²C 通信,只需两个 I/O 口就可进行存储操作。

### 7. 超声波发射及接收电路

超声波发射电路主要由缓冲反向器 74LS04 和超声波换能器构成。单片机端口输出的 38.5 kHz 方波信号的一路经一级反向器后送到超声波换能器的一个电极;另一路经两级反向器后送到超声波换能器的另一个电极。用这种推挽形式将方波信号加到超声波换能器两端可以提高超声波的发射强度。输出端采用两个反向器并联,用以提高驱动能力。上拉电阻 R10、R11 一方面可以提高反向器 74LS04 输出高电平的驱动能力;另一方面可以增加超声换能器的阻尼效果,缩短其自由振荡的时间。

超声波接收由 CX20106 完成,CX20106 内部具有前置放大、载波选频、脉冲解调等功能。在收到超声波时,CX20106 的 7 脚输出低电平。

### 8. D/A 转换器

DAC0832 是 8 位 D/A 转换器,属于 8 位电流输出型 D/A 转换器,转换时间为 1 μs,片内带输入数字锁存器。DAC0832 与单片机接成数据直接写入方式,当单片机把一个数据直接写入 DAC 寄存器时,DAC0832 的输出模拟电压信号随之对应变化。利用 D/A 转换器可以产生各种波形,如方波、三角波、锯齿波等以及它们组合产生的复合波形和不规则波形,这些复合波形利用标准的测试设备是很难产生的。

### 9. PS/2(3D 鼠标)接口

在 PS/2 接口中可用 PC 机键盘和鼠标进行与单片机的通信实验。PS/2 接口只要占用两根端口线即可实现对单片机应用系统的控制,在有液晶或 CRT 显示器的系统中使用将会非常方便,是嵌入式设计中人机接口首选设计方案。实验中,使用 3D 鼠标的 3 个按键可控制 2 个小灯的亮/灭和 1 个蜂鸣器的鸣叫;通过鼠标在平面上的移动可以在液晶显示器上观察水平方向、竖直方向数据的变化,同时通过滚轮的前后拨动也能在液晶显示器上看到数据的增减。

**10. 旋转编码开关**

旋转编码开关可产生正转和反转的脉冲个数数据及一个按压开关信号，在需要调节参数变量的程序中应用非常方便。

**11. 串行通信口**

串行口通信电路可与 PC 机超级终端进行通信实验，也是程序下载时必需的。华邦单片机专用下载程序是自行开发的软件工具，若采用宏晶公司的 STC 系列，则可在公司网上下载免费软件，在学生编程时随时可进行程序的下载运行。

**12. LED 小灯及蜂鸣器**

实验板上设计了 2 个 LED 小灯及 1 个蜂鸣器用于状态指示。

**13. 电源电路**

电源电路可在交直流输入下工作，由于整机电路板耗电较少，因此这里采用 LM7805 稳压集成块。

## 14.3　实验项目内容

实验板可进行 8 个以上的综合性课程设计编程实验项目：

（1）实时时钟编程实验。可在液晶屏上显示年、月、日、星期、时、分、秒等信息；可进行实时时间的调整；可设定多次定时功能；能在 $E^2$PROM 中存储定时数据；能实现按键音功能，能实现整点报时功能等。

（2）数显温度计编程实验。能在液晶屏上显示当前的气温、水温或其他被测物的温度；能设定低温或高温报警；能模拟空调等温控器的作用；能在 $E^2$PROM 中存储设定的报警温度。

（3）超声波测距编程实验。能显示障碍物的距离；能设定远距离或近距离的报警；能模拟运动物体的自动测距报警功能；能在 $E^2$PROM 中存储距离报警数据。

（4）遥控发射与接收编程实验。能用一块实验板作为遥控器，另一块作为接收器进行红外线遥控编程实验。遥控器有 6 个按键，接收器的功能演示可用 LED 小灯、蜂鸣器、液晶背光灯等。

（5）正弦波信号源编程实验。可输出 $0.01 \sim 83$ Hz 的正弦波（或三角波）；可输出 $1.3$ Hz $\sim 10.6$ kHz 的方波信号。

（6）串行通信编程实验。能与 PC 机进行串行通信，在 PC 机的超级终端上显示中文字符或其他字符；能用 PC 机发命令控制单片机的功能操作。

（7）音乐编程实验。能用蜂鸣器演奏自编歌曲。

（8）PS/2 鼠标实验。能用鼠标的 3 个按键操作实验板上的小灯及蜂鸣器；通过鼠标在平面上的移动可以在液晶显示器上看到水平方向、竖直方向数据的变化，同时通过滚轮的前后拨动也能在液晶显示器上看到数据的增减。

（9）将以上实验项目进行组合并结合鼠标、旋转编码开关等，成为多功能的应用设计实验项目。

## 14.4　教学实施过程

单片机综合性课程设计实验一般安排在学期末训练，在做设计实验之前，必须提前将实验设计项目的设计原理及编程思想在课堂教学中进行介绍,结合学生平时进行的上机小实验,在学生有一定编程基础的条件下才能进行课程设计实验。

参考课程设计学时安排:焊接4学时(半天),编程调试及设计报告1周(5天),答辩2天。

课程设计实施过程如下:

① 按实验材料清单领元件并焊接实验电路板;

② 检查硬件焊接的正确性并测试电路板;

③ 编制调试程序并进行下载、脱机运行试验;

④ 程序调试完成后编写设计报告;

⑤ 答辩并评定成绩。

## 14.5    课程设计要求

设计前学生应查阅单片机、12232F液晶显示器、DS1302实时时钟、AT24C08存储器、RS/2通信串口芯片MAX232、DA0832数/模转换芯片、CX20106红外线接收芯片、74LS04(六反相器)芯片和DS18B20数字测温芯片等的资料,了解其使用特性,阅读实验基本演示程序,然后从领元件、焊接、编制调试程序、烧录程序、脱机运行试验,到最后完成设计报告。设计要求系统开机时能显示校名、班级、学号、姓名等信息,在温度计、超声测距器、时钟计时器等实验项目中选一个并结合自己能力设计与完善各种程序控制功能。

单片机设计实验内容的趣味性是提高学生学习兴趣的重要条件。单片机课程设计实验电路板成本为100元左右,远远小于市场上实验箱的价格,而且每年可对个别实验项目进行调整、修改,是单片机课程设计实验教学中较为理想的选择方案。

本书光盘中有本章实验板的电子线路图及PCB资料,可作为教师或学生课程设计实验时的参考。更多资料请浏览浙江海洋学院单片机原理及应用精品课程网站http://61.153.216.116/jpkc/jpkc/dpj/。

# 附录　光盘内容说明

本书附带光盘中在根目录下包含 10 个文件夹："第 4 章例子流水小灯汇编程序"、"第 5 章例子 C 程序"、"第 6 章例子 C 程序"、"第 6 章例子汇编程序"、"第 7～11 章设计实例汇编与 C 程序"、"第 12 章单片机实验板时钟 C 程序"、"第 12 章单片机实验板时钟汇编程序"、"第 14 章课程设计实验板程序"、"课程设计实验板电路图及 PCB 资料"、"课程实验实验板电路图及 PCB 资料"。这 10 个文件夹包含了书中第 4～14 章中的所有汇编程序或 C 程序。

光盘内包含的文件夹如下：

| 第 4 章例子流水小灯汇编程序
| 第 5 章例子 C 程序
　　| 小灯 C 程序
| 第 6 章例子 C 程序
　　| 查询法方波产生 C 程序
　　| 中断法方波产生 C 程序
　　| 方式 0 时发送 8 字节 C 程序
　　| 方式 0 时接收 8 字节 C 程序
　　| 方式 1 时发送 8 字节 C 程序
| 第 6 章例子汇编程序
　　| 定时器/计数器例子程序
　　| 中断例子程序
　　| 串口发送演示程序
| 第 7～11 章设计实例汇编与 C 程序
　　| 第 7 章实例 C 程序
　　| 第 7 章实例汇编程序
　　| 第 8 章实例 C 程序
　　| 第 8 章实例汇编程序
　　| 第 9 章实例 C 程序
　　| 第 9 章实例汇编程序
　　| 第 10 章实例 C 程序
　　| 第 10 章实例汇编程序
　　| 第 11 章实例 C 程序
　　| 第 11 章实例汇编程序
| 第 12 章 单片机实验板时钟 C 程序
| 第 12 章 单片机实验板时钟汇编程序
| 第 14 章 课程设计实验板程序
　　| 第 14 章课程设计实验板时钟演示 C 程序

- 第 14 章课程设计实验板温度计演示 C 程序
- 第 14 章课程设计实验板汇编演示源程序 15 个
  - AT24C16 读/写程序
  - 12232F 液晶显示器使用资料
  - 实验 1 - 12232F 液晶串口演示程序
  - 实验 2 - DS1302 时钟(用 12232F 显示器)程序
  - 实验 3 - 温度计(用 DS18B20、12232F 显示器)程序
  - 实验 4 - 时钟温度计温度时钟器示范程序
  - 实验 4 - 时钟温度计(用 DS1302、DS18B20、12232F)程序
  - 实验 5 - 超声波报警示范程序
  - 实验 5 - 超声波测距器程序
  - 实验 6 - 遥控发射器程序
  - 实验 7 - 遥控接收器程序
  - 实验 8 - 串口发送演示程序
  - 实验 9 - 正弦波(三角波)发生器程序
  - 实验 10 - 唱歌程序
  - 实验 11 - PS/2 鼠标实验程序
  - 实验 11 - 用鼠标控制波形及频率程序
  - 旋转开关及 PS/2 参考程序
- 课程设计实验板电路图及 PCB 资料
- 课程实验实验板电路图及 PCB 资料

# 参 考 文 献

［1］何立民.单片机高级教程——应用与设计［M］.北京:北京航空航天大学出版社,2000.

［2］张俊谟.单片机中级教程——原理与应用［M］.北京:北京航空航天大学出版社,2000.

［3］楼然苗,李光飞.51系列单片机设计实例(第2版)［M］.北京:北京航空航天大学出版社,2006.

［4］李光飞,李良儿,楼然苗,等.单片机C程序设计实例指导［M］.北京:北京航空航天大学出版社,2005.

［5］李光飞,楼然苗,胡佳文,等.单片机课程设计实例指导［M］.北京:北京航空航天大学出版社,2004.

［6］赖麒文.8051单片机C语言彻底应用［M］.北京:科学出版社,2002.

［7］何立民.嵌入式系统的定义与发展简史.http://blog.csdn.net/leehom_zlj/archive/2007/12/11/1930071.aspx.

［8］浙江海洋学院单片机原理及精品课程网站.http://61.153.216.116/jpkc/jpkc/dpj/.